畜禽养殖技术管理丛书

怎样提高养肉羊效益

编著者

周占琴　武和平　付明哲

金盾出版社

内 容 提 要

本书在剖析养肉羊户认识误区和生产中存在的主要问题基础上，就如何提高养肉羊效益进行了全面阐述。内容包括：概述，肉羊品种与有效利用，改善饲养环境与羊群健康管理，肉羊的常用饲料及其加工调制，肉羊饲养管理与育肥技术，羊病防治，肉羊生产的经营管理。语言通俗易懂，技术先进实用，可操作性强，适合养肉羊户、中小型肉羊场和基层畜牧兽医人员阅读参考。

图书在版编目(CIP)数据

怎样提高养肉羊效益/周占琴等编著．—北京：金盾出版社，2005．6(2017．8 重印)
(畜禽养殖技术管理丛书)
ISBN 978-7-5082-3566-0

Ⅰ．①怎…　Ⅱ．①周…　Ⅲ．①肉用羊—饲养管理　Ⅳ．①S826．9

中国版本图书馆 CIP 数据核字(2005)第 025353 号

金盾出版社出版、总发行

北京太平路 5 号(地铁万寿路站往南)
邮政编码：100036　电话：68214039　83219215
传真：68276683　网址：www.jdcbs.cn
封面印刷：北京印刷一厂
正文印刷：北京万友印刷有限公司
装订：北京万友印刷有限公司
各地新华书店经销

开本：787×1092 1/32　印张：7．5　字数：167 千字
2017 年 8 月第 1 版第 10 次印刷
印数：66 001～72 000 册　定价：14．00 元

目　　录

第一章　概　述

一、我国肉羊生产现状

我国是一个养羊大国，总饲养量居世界第一位。2002年底，全国存栏羊3.17亿只，其中绵羊为1.44亿只，占45.43%；山羊为1.73亿只，占54.57%。2003年，我国出栏羊数量1.83亿只，比2002年同期增长了7.57%；羊肉总产量为316.7万吨，占肉类总产量的4.8%，人均羊肉占有量为2.4千克。其中，山东、河南、新疆、河北、内蒙古、江苏和四川7个省、自治区羊出栏数量都超过1 000万头，羊出栏数量占全国的71.6%。以山东出栏最多(2 815.27万头)，其次是河南(2 750.57万头)和新疆(1 800万头)，这3个省、自治区羊出栏数量分别占全国羊出栏总量的15.4%，15%，9.8%。2003年，全国羊肉产量达到316.7万吨，有8个省、市、自治区的羊肉产量超过10万吨，合计产肉量占全国羊肉总产量的73.4%。其中：河南12.9%，新疆12.8%，山东11.6%，内蒙古10.1%，河北9.4%，四川7.4%，江苏5.1%，安徽4.1%。

2003年我国羊肉出口量为1.25万吨，较2002年增长1.5倍。羊肉出口目的地主要是约旦、我国香港特区和阿联酋，出口量分别为5 575.576吨、3 253.617吨和1 984.519吨，其出口量约占国内羊肉出口总量的86.67%。羊肉出口超过100吨的省、市、自治区是内蒙古、北京、山东、甘肃、河北和上海。同期我国共进口羊肉3.4万吨，进口是出口量的2.72

倍。羊肉进口额较大的是辽宁省、黑龙江省和天津市,进口额合计为3 630.81万元,占羊肉进口总额的94.01%。

我国绵羊主要在牧区饲养,山羊主要在农区饲养。我国养羊业与养猪、养禽业相比,科技含量低,生产方式落后,农户粗放的、传统的分散经营仍然是主体。

二、制约我国肉羊业发展的主要因素

(一)技术因素

1. 良种化程度低 我国虽然有绵羊、山羊品种100多个,但缺乏专门化肉羊品种。自20世纪80年代以来,我国从国外引进了一定数量的优良肉用绵羊、山羊品种,并在纯繁扩群的同时,各地都开展了引进品种与当地品种的杂交改良试验,为优质羊肉生产进行了大量探索。但是目前良种比例仍然很低,大多数地区未形成完整配套的肉羊良种繁育体系。已建立起来的体系,或因缺乏持久的支持条件(如基层人工授精站等),或因商业性炒种的影响而遭破坏(如波尔山羊),良种流失。优良种源不足的问题,在较长的一个时期内仍将是制约我国肉羊生产的重要因素。

2. 科学技术普及率低 我国肉羊仍然以千家万户的小规模分散饲养为主,饲养管理粗放,生产技术水平低下,劳动生产率和经济效益都比较低。即使在我国绵羊和山羊的主产区,肉羊业的发展,由于受到经济条件和自然条件的制约,以及落后思想观念的束缚,科技水平和管理水平有待于进一步提高。目前,规范化、集约化肉羊生产模式的建立和推广应用,是我国肉羊生产必须解决的课题。

（二）社会因素

1. 政策性引导滞后，社会化服务体系不够健全 肉羊养殖业是人类的一种经济活动，有其特定的发展规律，单靠科技并不能推动该产业的发展。需要政府在调查论证的基础上，引导、牧农民因地制宜地对经营活动的内容和范围进行选择，并制定灵活多样的农业发展资金贷款政策，为规模化与现代化肉羊业注入活力。近年来，随着我国国民经济的快速发展和科技水平的不断提高，出现了一些以“公司加农户”为主要组织形式和以“产、学、研”相结合为主要科技支撑手段的龙头企业，对促进肉羊业的发展起到了积极的作用。但是，从总体上讲，我国肉羊生产的科技水平还比较低，饲养管理总体上属于粗放型。具有发展肉羊生产潜力的大多数地区，自然环境条件较差，经济发展和科技水平相对落后。因此，加快建立和完善社会化科技服务体系，加大政府在养羊生产中的科技、人才和资金的投入，才能更加有效地引导和促进肉羊业的发展。

2. 经济基础薄弱，养殖规模小 我国大多数地区养羊业仍以分散经营的粗放式饲养管理模式为主。各养殖户经济基础差，养殖规模小，各种养殖设施和技术或缺乏或不配套，无法适应规模化养殖的需要，严重制约了区域羊肉产业化生产的进程。

3. 生产与销售联系不紧，市场功能差 市场无法控制生产环节，更不能对上市产品的来源予以追溯或对消费者承担完全质量责任。缺乏完善的质量检测手段，使卫生不合格羊肉产品进入市场。如果实行羊肉生产全程质量管理体系，每一块羊肉都能贴上标志性标签（表明饲养地、饲养户和加工生产者等），市场就可以维护生产者和消费者双方的权利、义务与责任。市场未对羊肉产品实行优质优价，如羔羊肉与老龄淘汰羊肉价格差异不大，甚至无差异，也在一定程度上影响了肉羊生产者的积极性和肉羊良种化进程。

4. 加工业发展滞后 目前我国羊肉加工业发展缓慢，市场上90%以上是生鲜肉，加工的羊肉产品多以冷冻卷肉为主，羊肉产品加工和国外发达国家相比差距显著。近年来，我国皮革和皮毛加工企业数量不少，但加工深度和精度不够，缺少名牌产品，在国内和国际市场上缺乏竞争优势。

（三）环境因素

1. 牧区草场过牧，严重退化 由于历史原因和长期以来我国草地科学合理地利用和开发未得到足够的重视，草地退化现象日渐严重。据统计，我国20世纪70年代，草地退化面积仅占10%，80年代占30%，90年代中期已达到50%。其中重度和中度退化的占退化草地面积的一半。我国荒漠化面积达到262万平方千米，并且每年以2 460平方千米的速度在扩展。沙化草地约占草地总面积的1/3。我国草地生产力仅相当于新西兰的1/82，美国的1/20，澳大利亚的1/10。我国至少需要新建和改良1.3亿公顷的草地，才能达到草地畜牧业健康发展所需要的人工草地比例的最低要求。

另一方面，我国草地畜牧业区大多数位于经济落后、交通欠发达地区，草地畜牧业设施简陋，缺乏必要的棚圈、人工草地和饮水设施。这种基本上靠天养畜的草地畜牧业经营方式，生产力水平低，抵御灾害性天气的能力差，成为我国草地畜牧业健康发展的主要限制因素。

2. 农区种草未引起足够的重视 我国由于受以往“以粮为纲”观念的影响，对退耕还草、种草养畜的意义认识不足，往往不能将低产田、劣质田和盐碱田用来种植牧草，很少用肥力较高的农田进行牧草生产。我国农区养羊缺乏优质牧草的状况没有得到根本改变。

三、国内外羊肉市场供应现状与需求趋势

（一）羊肉市场供应现状

国际羊肉市场总的形势是供应短缺，价格上扬。自从英国发生疯牛病以来，欧洲各地对畜群进行了严格检疫和大规模屠杀，导致该地区的羊肉自给率下降到76%；俄罗斯由于遭受寒流而导致羊肉产量下降；大洋洲严重干旱以及发达国家和转型国家养羊业的下滑限制了世界羊肉产量的增长，其中占全球羊肉出口总量40%的澳大利亚，由于干旱引起绵羊数量下降，使得2003年的羊肉产量比2002年下降了15%，出口量也下降了10%。2003年全球的羊肉贸易量估计在69万吨左右，美国被迫取消对羊肉进口的限制。与此同时，世界羊肉消费量却在增加。紧缺的羊肉市场使得国际羔羊肉价格达到了历史新高。据美国农业部经济研究局（ERS/USDA）统计，2003年美国羊肉价格明显高于2002年同期水平，平均批发价格比2002年高出22.96%。2004年第一季度羊肉价格又比2003年同期高8.22%。

由于羊肉市场供应短缺，价格上涨，2003年第四季度，我国羊肉主要产区（山东、新疆、河南、河北、内蒙古、四川和江苏）平均价格为15.04元/千克，比第三季度提高2.1%，其中四川省上涨了8.61%。主销区（北京、天津、上海、福建和广东）第四季度平均价格为19.52元/千克，比第三季度提高

3.44%。其中,福建(5.52%)和上海(4.55%)升幅较大。到2004年第三季度,由于羊肉供应量严重短缺,引发了价格大幅度上涨,北方市场羊肉价格比2003年同期上涨了50%左右。大多数宾馆、饭店仍以消费成年羊肉为主,优质羔羊肉只能满足一些高档宾馆、饭店和娱乐场所。

(二)羊肉需求趋势

虽然人们的食物品种千变万化,但肉、蛋、奶和粮食始终是构成人们食物的主原料。营养价值高、保健功能好的羊肉市场前景好。但未来市场对羊肉质量的要求会更高。羊肉市场总的需求趋势是自然化和优质化。

1. 自然化 目前,欧洲消费者已经不愿意购买以现代方式生产的畜产品,而纷纷争购自然畜产品。因此,欧洲正全面兴起自然畜牧业的浪潮。于是出现了自然畜牧业农场数增加、自然畜产品产量增加和自然畜产品的销售收入迅速增加的现象。同时,市场机制正引导现代畜牧业向自然畜牧业发展,即现代畜牧业将加速向可持续的自然畜牧业过渡。这对我国畜牧业的发展提出了新的挑战。

2. 优质化 具有以下特点的羊肉即为优质羊肉。

(1)营养价值高 随着生活水平的提高,人们要求所购买的肉品具有高蛋白质、低脂肪,并适合各种烹调方法。因此,羔羊肉将受到人们的普遍欢迎,而肌肉纤维粗、脂肪含量高、膻味大、不适合快速烹调的成年羊肉在市场的空间会越来越小。

(2)口感好 一般说来,多汁鲜嫩、膻味小、瘦肉率高的羔羊肉口感优于普通成年羊肉。但是,如果肌间脂肪含量太低,羊肉则显得色泽太深,烹调后嫩度与香味下降。因此,羊肉不是绝对的越瘦越好。英国动物生理和遗传研究所正在研究改善羊肉肉质的问题,希望通过育种和饲养方法,增加肌间脂肪,以提高羊肉的鲜嫩度和香味。

(3)卫生 所谓卫生是指无污染、无残留、对人体健康无损害的羊肉产品,即无公害羊肉。其来源有三:①在无任何污染的天然草场生产的羊肉;②由采食无污染草地牧草母羊所繁殖与哺育的羔羊肉,尤其是哺乳期的羔羊肉(全乳型羔羊肉);③在补饲或舍饲条件下,按无公害生产要求饲喂添加作用强、代谢快、无残留药物和添加剂饲料的羊肉。

(4)表观评分高 表观评分主要是对胴体评分。要求肌肉发达,全身骨骼不突出,有光泽,色鲜红或深红,脂肪乳白色或浅黄色。有弹性,指压后的凹陷立即恢复。各国对羊肉表观评分的方法也不尽相同。美国市场对理想型羔羊肉的要求是,胴体重20～25千克,眼肌面积不小于16.2平方厘米,脂肪层不小于0.5厘米、不大于0.76厘米(十二肋骨处),肌肉层厚,修整后肩、胸、腰、腿的切块占胴体重的70%。新西兰对理想型羔羊肉的要求是,平均胴体重15千克,脂肪含量24%,眼肌面积11平方厘米。

四、国外肉羊业发展趋势

(一)品种良种化

目前,英国、新西兰、美国、阿根廷和乌拉圭等国家养羊业基本上实现了良种化。英国是30多个肉用绵羊品种的育成地,这些绵羊品种对世界肉羊业的发展产生了很大影响。如英国的考勃来羊(Colbred),就是用德国东佛里生羊(East

Friesian)与3个英国品种(边区莱斯特、克仑森林和有角陶赛特羊)杂交育成。该品种全年发情,产羔率达200%～250%,产奶量高,而且肉用性能和羊毛品质好,实现了肉羊育种史上的新突破。新西兰的绵羊虽然大多数为引进品种,但良种化程度也很高。目前饲养的29个绵羊品种中,除了少数几个细毛羊和地毯毛羊品种外,大多数品种为生长发育快、早熟、繁殖力高的肉用和肉毛兼用专门化品种。专门化肉用品种所追求的目标,主要是母羊性成熟早,母性强,全年发情,利用年限长,难产比例低,产羔率高,泌乳力强,适应性强;所产羔羊生长发育快,饲料报酬高,肉用性能好,胴体可食比例高。

(二)杂交技术普及化

在肉羊生产中,杂交是获得最大产出率的手段之一。澳大利亚、新西兰、美国、法国等国经过多年试验研究,建立了商品肉羊杂交模式。即使肉羊良种化程度较高的新西兰,也是利用肉羊杂种优势来提高肉羊生产力。如兰德科尔普(Landcorp)公司从其下属牧场饲养的50多万只周岁母羊中,选出0.8%最优秀的个体,用无角陶赛特、德克赛尔、柯泊华斯、罗姆尼和威尔特夏品种公羊交配,所生后代不考虑血缘关系,只是根据生长速度等性状进行筛选,然后在优良草场上放牧育肥,8月龄体重达到55千克时即可上市。

在杂交模式的确定上,表现出两个明显特征。

第一,充分利用品种间的杂种优势。将高繁殖率与优良肉用品质相结合,采取3～4个品种杂交,保持高度的杂种优势。据美国农业部专家估计,20世纪70年代羔羊肉生产收入的增加,15%是按个体生产性能选育的结果,30%～60%是经济杂交的结果,25%是芬兰兰德瑞斯羊多胎的结果。

第二，从当地资源特点和环境条件出发。如英国的苏格兰黑面羊、威尔士山地羊、雪维特羊等品种，由于所饲养的山地环境条件差，只进行纯种繁殖。母羊育成后转到平原地区与边区莱斯特等品种杂交，其杂种公羔全部用作肥羔生产，母羔再转往北部人工草场地区，再用早熟丘陵品种萨福克羊或汉普夏羊作为终端父系品种进行杂交，所产羔羊早熟，胴体瘦肉量适当，为理想的肉用羔羊。公、母羔全部作肥羔生产。

（三）羊肉产品优质化

国外羔羊肉生产发展迅速，产肉量与日俱增。新西兰羔羊肉占羊肉产量的 80%左右；法国、英国和美国的羔羊肉分别占到羊肉产量的 75%，94%和 90%；以饲养细毛羊而著称于世的澳大利亚，羔羊肉也占到羊肉总产量的 70%以上。

为了生产出符合市场需求的羔羊肉，各国根据自己的资源优势采用不同的短期育肥方式。如美国的羔羊育肥方式就有四种。第一种为集约化育肥，见于大型育肥场。入圈育肥的羔羊按体格大小分群，供给专用育肥饲料。圈内设有自动饲槽和饮水器，每期育肥 60 天，活重达到 41～48 千克时上市，活重超过 50 千克的羔羊售价较低。第二种为放牧育肥，以西南部诸州为主，特点是羔羊购自草原区，转入小麦地放牧，适当补饲，生产活重 41～45 千克的羔羊。第三种是早期精料育肥，利用母乳加精料对秋季产的羔羊进行育肥，生产 6～12 周龄活重为 13.5～27 千克的羔羊，供应圣诞节到复活节期间的市场需求。第四种为玉米带育肥，以玉米带诸州为主，购进羔羊直接在玉米地放牧，省去玉米收获和羔羊育肥上的劳动力，但羔羊的死亡率较高。

（四）肉羊经营产业化

从发达国家现代肉羊业发展过程看，尽管他们所依据的载体不同，模式各异，但所走的都是农业产业化发展之路。产业化的基本表现形式是，生产专业化，产品商品化，布局区域化，经营一体化，服务社会化，管理企业化。按照现代大生产的要求，在纵向上实行产、加、销一体化，在横向上实行资金、技术、人才的集约经营。无论是人少地多的美国、澳大利亚、加拿大，还是人多地少的德国，都无一例外地对农业实行一体化经营战略，而企业作为产业的细胞和载体，在一体化经营中起着最基础的作用。如美国，绝大多数农户就是企业，农户的主人就是农场主，或叫农业企业家。美国农业产业体系的模式，不是我国常见的“企业加农户”，而是“企业加企业加企业”。即由一系列的企业组成，只不过这些企业从事的经营环节不同，即行业分工不同，如专门化的肉羊育种场、繁殖母羊饲养场、羔羊育肥场等。行业分工越来越细，产业化程度越来越高，农场规模的扩大促进了产业化进程，产业化经营使羊肉生产要素得到优化组合。澳大利亚草地畜牧业也具有高度的专业生产、集约经营的特色，而且劳动生产率很高。由于充分发挥了牧羊犬的重要作用和机械化程度的不断提高，平均每个人可管理100头奶牛或4 000只绵羊。牧场经营规模越来越大，平均每个牧场拥有的土地近20年增长了近15%，饲养牲畜量增长约25%。随着国际市场竞争的加剧，澳大利亚畜牧业已走出一条向集约化、专业化发展之路，在畜牧业生产发展过程中，形成了高度专业化的服务体系。

（五）草地利用效益化

由于草地畜牧业是最经济、最直接、最有效的畜产品生产方式，因此，成为世界草食家畜发展的必然选择。草地畜牧业是以草原保护和牧草持续有效利用为前提，以实现经济、社会、生态三者效益协调与发展为目的。草地建设不仅推动了当前草地畜牧业的发展，而且可保障这一永久性的计划顺利实施。畜牧业发达的国家无一例外地把草地建设放到了畜牧业发展的首位，尤其人工草地的迅速发展给草地畜牧业的发展注入了更大的活力。如果人工草地面积占到天然草地的10%，畜牧业生产力就比完全依靠天然草地增加1倍以上。因此，人工草地的数量和质量已成为畜牧业现代化的重要指标之一。

1. 人工草地建设 目前，美国的人工草地约占天然草地的15%。将紫花苜蓿种植于农田，面积达到1 000万公顷，每3～4年与粮食作物轮作一次。采用此种植方式，不仅提高了土壤肥力，确保了占耕地面积2/3～3/4的粮食作物连年高产，同时，年产紫花苜蓿干草和紫花苜蓿混合干草1亿吨左右，大大促进了美国畜牧业和草产业的发展。俄罗斯的人工草地约占天然草地的10%，荷兰、丹麦、英国、德国、新西兰等国占到60%～70%。新西兰政府根据不同地区、不同条件设计草地建设方案，由国家投资，毁林烧荒，消灭杂草，建设围栏，配备人畜用水设施、牧道、草棚等，然后出售给个人经营。经过100多年的努力，新西兰已建成人工草场910多万公顷，约占全国草场总面积的70%，几乎覆盖了整个平原和丘陵。人工草场是一次播种多年使用，通常为70%的黑麦草籽和30%的三叶草籽混播。三叶草喜温暖气候，夏季生长量大，起固氮作用，而黑麦草则在冷凉、潮湿的冬、春、秋季节都能生长。这种科学的结合能使全年草量比较均衡。每公顷人工草场可养羊15～20只，高的可达25只以上，比植被好的天然草场提高5～6倍。荷兰是一个著名的低地之国，一半国土低于海平面，大部分不适宜农耕，只能用来种植牧草。荷兰人扬长避短，通过牧草种植，大力发展畜牧业，畜牧业产值占农牧业总产值的70%左右，成为世界第二大农产品出口国。乌拉圭是一个以畜牧业为主的小国，却是世界五大羊毛出口国之一，毛条出口量占世界第二位。

草地畜牧业发达国家十分重视人工草场管理。为了防止草场退化，新西兰每年要用飞机给人工草场施肥1～2次，平均每公顷施过磷酸钙或磷、钾复合肥150～200千克。在缺乏微量元素的地区，还要加入硼、硫、铜、锌等微量元素肥料，以保证家畜营养的需要。

2. 天然草场管理 尽管草地畜牧业发达国家人工草场比重很大，但对天然草场也很重视，采取了一些有力保护措施。以新西兰为例介绍如下。

第一，根据国家专设的研究机构应用遥感监测和实地调查取得的数据，对不同地区分别确定控制的人口密度和牲畜头数，一旦发现有超载过牧或草场退化现象，立即采取补救措施，情况严重的，将草场收回，由国家畜牧部门统一管理。

第二，实行科学轮牧，稳定草场的生产能力。始终坚持“以栏管畜，以畜管草，以草定畜，草畜平衡”的原则。草地种好后都用围栏围起来，全国围栏总长度达到80.5万公里以上，围栏面积占全国草场面积的90%以上。全年实行轮区放牧，每个轮牧分区的大小是根据地形、草生状况、畜牧场的经营方针等因素决定。轮牧周期在不同的地区长短不一，在温暖地区和温暖季节采取短期轮牧，在寒冷地区或寒冷季节，则采取长期轮牧。短期轮牧时，春季为10～15天，夏季为20～30天，冬季为35～40天。长期轮牧时，春、夏、秋、冬季节分别为21～30天，35～40天，60～70天和80天以上。在确定轮牧周期的天数之前，先测定草场产草量，再确定放牧的牛、羊数量和轮牧周期。

第三，在给天然草场施肥的同时，补播一些耐贫瘠、竞争力强的豆科牧草，以提高产草量。

总之，在天然草场的使用上，是把维护草场资源、保护生态平衡放在第一位，而不是把发展牲畜头数放在第一位，即在不损害生态环境的前提下，获得最佳经济效益。澳大利亚被称作"骑在羊背上的国家"，养羊业几乎完全属于草地畜牧业，围栏轮牧也是该国采用的主要养羊形式。

澳大利亚建成了世界上最长的养羊防护墙，全长5 321公里，从南澳州大海湾向东延伸，经新南威尔士，穿过昆士兰东部，抵近太平洋岸。围墙高1.8米，下部是小眼铁丝网，上部是菱形钢丝网，以防止野狗侵袭羊群和保护草场。

（六）羊场卫生管理规范化

规模化畜禽饲养场，每天有大量畜禽粪便及污水产生，如果不能较好地处理和利用，就会造成严重的环境污染。因此，许多发达国家通过立法加以规范化管理。如规定一个生产点允许饲养的畜禽数，不经许可污水不得排入河流，更不得排入地下，粪便不经无害化处理不得施入耕地。同时，还制定了相应的处罚条例，严格监督。因此，很快收到了成效。

五、我国肉羊业发展趋势

（一）积极引进良种

近年来，我国引进了夏洛莱、萨福克、陶赛特、德克赛尔、德国肉用美利奴、杜泊等肉用绵羊品种和波尔山羊品种。全国各地在对引进良种选育提高的基础上，广泛开展杂交改良工作，取得了显著的经济和社会效益。仅陕西省1999～2001年3年期间，就生产波尔山羊与当地山羊杂种100万只，增加收益5 000多万元。同时，主要肉羊饲养区在总结国外先进经验的基础上，开展杂交肉羊生产技术试验与推广，如在杂交肉绵羊生产上，广泛利用国内多胎绵羊品种小尾寒羊做母本，生长快而早熟的夏洛莱羊、萨福克羊等品种做终端父本；在杂交肉山羊生产上，波尔山羊成为普遍使用的终端父本。通过试验，筛选出适合当地资源特点和环境条件的肉羊杂交模式。这些先进经验为我国今后优质羔羊肉产业的迅速发展奠定了基础。

（二）重视肉羊养殖技术的应用与推广

我国各地在肉羊生产上广泛应用和推广的技术除了杂交改良技术外，还有饲养管理技术、繁殖育种技术、饲料加工技术和疫病防治技术等。

1. 饲养管理技术　饲养管理方面所应用和推广的技术主要是舍饲技术和羔羊育肥技术。舍饲养殖是配合国家生态环境治理政策实施所采取的积极措施。舍饲不仅是肉羊短期育肥的主要形式，而且成为广大农区和部分牧区肉用种羊、育成羊以及羔羊养殖方法的必然选择。因此，我国的肉羊舍饲不同于其他国家的纯粹的短期育肥，而是一场应战高成本、高污染、高投资的攻坚战，对技术提出了更高要求。目前，我国各地已经总结出许多经验和技术，如塑料暖棚养羊技术、羔羊育肥技术等，有些地方已形成了适合当地特点的肉羊舍饲技术体系。但目前的困难和问题还很多，尤其是高饲养成本问题仍然困扰着许多羊场和农户，需要广大养羊工作者的不懈努力。

2. 繁殖育种技术　人工授精技术使公羊的年配种能力由30～50只提高到1000只以上，利用效率提高20倍以上，使良种公羊的作用得到最大发挥。精液冷冻技术将公羊的精液保存期延长到几年乃至十几年，而且可打破鲜精配种时的地区限制，实现公羊跨地区、跨国度配种。同期发情技术可使成千上万的母羊同时发情配种，这对于集中人工授精和羔羊批量生产是极其重要的。胚胎移植是将良种母羊中的优秀个体经超数排卵并受孕的众多胚胎移植给低产品种，借助低产品种母羊的子宫生产出更多的优秀羔羊。这项技术主要用于种羊繁殖，可使1只优秀母羊1年内为社会提供10只以上羔羊，即将母羊的利用效率提高5～10倍，甚至更高。这些技术已经在我国广大地区得以推广应用，而且对我国今后肉羊业的迅速发展定将起到积极的推动作用。

3. 饲料配制与加工技术　精饲料配合技术和粗饲料青贮技术已成为国内普遍应用和推广的成熟技术。今后的任务主要是改进和提高粗饲料的利用技术。

（三）重视环境保护

发展肉羊生产，要坚持经济、社会与生态效益协调、互补与共同提高。为了保护生态环境，选择了舍饲养羊；为了舍饲养羊，选择了种草。种草不仅可以满足肉羊饲料的需要，还可以保护环境，从而产生生态效益。品种良种化和肉羊杂交化后，实现了当年羔羊当年上市，不仅为市场提供优质羔羊肉，满足消费者的需求，而且减缓了草场的压力，达到保护环境的目的。同时，由于缩短了肉羊饲养周期，节省了饲料、劳动力和养殖场地，从而降低了养殖成本，增加了收益。

（四）走产业化发展之路

我国肉羊产业化的基本形式是企业加农户加市场。首先发展龙头企业实体，再用企业的经营模式和效益来示范和引导千家万户，组织相对集中联片的肉羊生产基地，不断推向专业化、规模化和集约化发展道路。同时，建立加工、销售体系，使该产业的产前、产中、产后各环节能在协调与启动中实现稳定链接。

第二章 肉羊品种与有效利用

一、肉羊种羊选择与利用的误区

(一)忽视良种在肉羊生产中的作用

不同品种羊的产肉性能差异很大。如引进良种肉羊羔羊的断奶前日增重通常都在200克以上,而我国绝大多数地方山羊品种羔羊的断奶前日增重不到100克,有的仅为40～50克。据美国农业部1996年对美国50年来畜牧生产中各种技术所起作用的分析总结,良种的贡献率高达40%,全价饲料为20%,疫病防治为15%,繁殖与行为为10%,环境与设备为10%,其他为5%。由此可见,良种对提高羊肉生产效率是十分重要的。

(二)优良品种与种羊概念不清

在种羊短缺的情况下,一些比较优秀的肉羊品种中的每一个个体都被当作繁殖用种羊销售和使用,似乎优良品种就等于种羊。事实上,良种个体间的差异是很大的。正因为存在这种差异,品种肉羊才需要鉴定并被分为不同的等级,不断进行选优淘劣。

种羊是各品种中最优秀的可用来繁殖后代的个体,通常是从后备种羊群中精选出来的特级、一级个体。种羊选择一般从以下三方面入手:①从初生重和生长各阶段增重快、体尺好、发情早的羔羊中选择；②从优良的公、母羊交配后代中的全窝都发育良好的羔羊中选择，母羔应为第二胎以上的经产多羔羔羊；③要看后备种羊所产后代的生产性能，是不是将父、母代的优良性状传给了后代，凡是优良性状遗传力差的个体都不能选留。后备母羊的数量，一般要达到需要数的 3～5 倍，后备公羊的数量也要多于需要量。因此，不论是地方品种，还是培育品种，所有可保留或发展的品种，都是选留其中少数优秀个体用作种羊，而不是它们的全部。即使很优良的品种，也不例外。因此，良种不等于种羊。

（三）过分追求大型肉羊品种，忽略其适应性

有些人认为，肉羊体格越大越好，因此，在购进种羊时，首先选择体格较大的品种。事实上，不论是绵羊还是山羊，最优秀的肉羊品种不一定是体格最大的。这是现代畜牧学与传统畜牧学在认识上的差异。世界上主要的肉用绵羊品种都是在水草丰美的英国培育成功的，通常都被称为肉毛兼用半细毛羊。因为它们的产品不仅是肉，而且还有毛。体格大的品种可以提供更多的羊毛和成年羊肉。因此，为了实现这两种产品的丰收，必须将羊养到成年。市场上的羊肉自然是以成年羊肉为主。20 世纪 70 年代以后，由于化学纤维的发展，羊毛的价格下降和人们消费水平的提高，世界养羊业出现了全面转向，即从毛用羊转向肉用羊，再从成年羊肉生产转向以优质肥羔肉生产为主。由于用于羔羊肉生产的品种必须具备繁殖力高（早熟、产羔多）、前期生长速度快、适应性强等特点，而体格较大的羊通常不具备这些特点。因此，目前市场上最受欢迎的羊肉是优质羔羊肉，最受欢迎的肉羊品种，尤其是用作终端父系品种的绵、山羊品种多为体格中等的短腿羊。另一方面，产肉多

而适应性差的羊也不是理想的肉羊品种。在相同饲养管理和羊群规模条件下，适应性强的品种患病概率少，死亡率低，可以获得较多的羔羊，并可减少治疗疾病的医药费和人工费。获得的羔羊越多，饲养成本就越低，饲养利润就越高。

（四）根据体格大小选留种羊

对于同一群体的商品肉羊，尤其是羔羊而言，体格大的羊能够提供相对多的羊肉。对种羊来说，体格大小通常也是首先考虑的因素之一，但不是惟一的因素。因为体格只是一只羊在特定条件下的一种表现，即表型性状，这一性状能否稳定地遗传给后代，仅参考表现型是不够的，还要依据其他因素做出判断。如环境条件，被比较和选择的羊是否处于相同的饲养管理环境。生活在较为优越的营养条件下的羔羊（如单羔羊由奶量充足的母羊哺乳）总要比生活在逆境中的羔羊（一胎多羔，营养不足或患过疾病）长得快。处在这两种环境下的羔羊体格大小就没有可比性。因此，选择繁殖用公、母羊时，还要参考下列资料。

1. 父母和其他祖先的资料　根据父母和其他祖先的资料来推断其后代可能出现的品质，以便在出生后不久，便能基本确定其选留。具体做法是：有针对性地将多个系谱的资料进行分析对比，即亲代与亲代比，祖代与祖代比。但重点应放在亲代的比较上，因为更高代数的遗传相关意义较小。比较生产性能时，应注意其年龄和胎次是否相同，若不同时，则应进行必要的校正。在研究祖先性状的表现时，最好能联系当时的饲养管理条件，同时注意各代祖先在外形上有无遗传缺陷。另一方面，要注意系谱中各个体主要性状的遗传稳定程度。凡母亲的生产力大大超过羊群平均数，父亲经后裔测验证明为优良个体，或所选后备种羊的同胞也都高产，这样的系谱应给予较高的评价。对一些系谱不明、血统不清的公羊，即使本身表现不错，开始阶段也应当控制使用，直到取得后裔测验证明后才可确定其使用范围。

2. 同胞资料 根据种羊同胞的平均表型值进行选择。同胞选择适用于一些限性性状，如产羔率、产奶量都限于母羊。在选择公羊时，虽然根据系谱资料可予以选择，但对数量性状的选择准确性有限，需根据同胞的相关资料进行选择。这种方法也适于一些活体上难以准确度量的性状和根本不能度量的性状（如胴体品质）以及低遗传力性状。

3. 后裔资料 根据种羊后裔的平均表型值进行选择。也就是在一致的条件下，对公畜的后代进行对比测验，然后按各自后代的平均成绩，决定对亲本的选留与淘汰。后裔选择准确性高，是评定种羊价值最可靠的方法，但种羊选定所需时间较长，大大延长了世代间隔，减慢了遗传进展，增加了种羊的养殖成本。

（五）混群饲养

有些农户为了省事，将公羊与母羊、大羊与小羊、身体强与身体弱的羊混群饲养，全然不顾公母混群饲养出现的近交问题。近交衰退现象的表现为：繁殖力减退，死胎和畸形增多，生活力下降，适应性变差，体质变弱，生长缓慢，生产力降低。1996 年维纳（Wiener）对苏格兰山地绵羊进行的近交试验表明，近交母羊的生活力由 92%下降到 74%，窝产羔数由 1.73下降到 1.26。在一个近交世代之后，羔羊的生活力由 95%下降到 74%，羔羊的断奶体重由原来的 28 千克下降到约 13 千克。可见损失之惨重。混群饲养使强者更强，弱者更弱。尤其在舍饲条件下，弱小羊常常受到强势个体的攻击，只能采食强势个体剩余的饲料，其生长发育和健康状况必然受到一定影响。

二、对杂种优势利用的误区

（一）对各种杂交方法概念不清或使用不当

任意将两品种进行交配，或将杂交方法随意用于育种或商品肉羊生产。如在商品肉羊生产中大量使用级进杂交技术，不仅延长了生产周期，而且随着杂交代数的增加，后代可能出现体格变小、体质下降等现象。因此，一味追求杂交代数只能增加商品肉羊的养殖成本，降低收益。还有人用貌似纯种的杂种公羊配良种母羊，造成了种羊质量的下降或品种优势的丧失。事实上，表现型再好的杂种羊始终都是杂种，杂种的基因型是杂合子，无法将其亲本的优良性状稳定地遗传给后代。

（二）对“杂种优势”有误解

有人以为，所有的杂种羊都必定表现出优势。其实不然。杂种是否有优势，有多大优势，在哪些性状方面表现优势，杂种群中每个个体是否都能表现程度相同的优势？所有这些问题，主要取决于杂交用的亲本群体的遗传性能及其相互配合情况和饲养管理条件等。因此，随意进行不同品种或种群间的杂交，其结果往往不理想。如用波尔山羊与中卫山羊杂交，其后代体格可能有所增大，但中卫山羊优良的裘皮品质将丧失殆尽。另一方面，没有良好的饲养管理条件，杂种优势也难以表现。

（三）不注意杂交亲本的选择与选育

杂交繁育体系中亲本的选育提高是十分重要的。必须考虑各专门化品种在繁育体系中的位置。例如，在父系中，生长育肥性状要比繁殖性状重要得多；而在母系中正好相反。总之，一个好的杂交繁育体系，应能够充分利用母本品种繁殖性能的遗传优势和父本品种生长育肥性能与胴体性能的遗传优势的互补性。

三、肉羊品种资源

（一）引进肉绵羊品种

1. 杜泊（Dorpor）绵羊 杜泊绵羊是南非共和国利用英国有角陶赛特羊与国内波斯黑头羊杂交培育而成的肉绵羊品种。该国于 1850 年成立了杜泊肉绵羊品种协会，使这一良种得到较快发展。目前杜泊绵羊已分布于南非各地，总头数达 700 万只。

杜泊绵羊分长毛型和短毛型两个品系。大多数南非人喜欢饲养短毛型杜泊羊，因此，该品种的选育方向亦为短毛型。杜泊绵羊头颈为黑色，体躯和四肢为白色。头顶部平直，长度适中，额宽，鼻梁隆起。耳大稍垂，既不短也不过宽。颈粗短，肩宽厚，背平直，肋骨拱圆，前胸丰满，后躯肌肉发达。四肢强健而长度适中，肢势端正。整个身体犹如一架高大的马车。

杜泊绵羊生长速度快，肉质好，特别适合肥羔生产。3～4 月龄的断奶羔羊体重可达 36 千克，胴体重 16 千克。6 月龄公羔体重达到 54.6 千克，母羔达 47.8 千克；板皮厚且面积大，是上等皮革原料。成年公羊体重105千克，母羊84.3千克。繁殖率高和适应性强也是该品种比较突出的性状。平均产羔率达到140%。能适应各种气候，既耐热又抗寒，耐粗饲，放牧舍饲皆宜。被毛短，不需剪毛，当气候变暖时能自行脱落。但在潮湿条件下，易感染肝片吸虫病。羔羊易患球虫病。

杜泊羊对其他绵羊品种的产肉性能的改进效果显著。据报道，杜泊公羊与小尾寒羊母羊的杂一代公、母羊，5月龄平均体重可达50千克，平均日增重为350～400克，而且肌肉GR值、肉色、失水率、pH值等项目指标，均优于其他品种。GR值指第十二与第十三肋骨之间，距背中线11厘米处的组织厚度，表示胴体脂肪含量。

2. 德国肉用美利奴羊(German Merino)　原产于德国，主要分布在萨克森州农区。用泊力考斯和边区莱斯特公羊同德国原产地的美利奴母羊杂交培育而成。本品种早熟，羔羊生长发育快，产肉多，繁殖力高，被毛品质好，属肉毛兼用细毛羊品种。被毛白色，密而长，弯曲明显。公、母羊均无角，体格大，胸宽深，背腰平直，肌肉丰满，后躯发育良好。成年公羊体重100～140千克，母羊70～80千克，羔羊日增重300～350克；130日龄胴体重达18～22千克，屠宰率47%～49%。周岁内可配种，产羔率为150%～250%。母羊泌乳力强，羔羊成活率高。该品种的适应性较好，对各地的气候或恶劣的环境条件都能很好地适应。我国最早引进的德国肉用美利奴羊主要饲养在华北、东北和西北地区。近几年，该品种已逐渐引入中南与华东地区，包括河南、湖北、湖南、安徽、浙江等省。该品种与蒙古羊、西藏羊、小尾寒羊和同羊的杂交后代，不仅被毛品质明显改善，而且产肉性能得到较大提高。

3. 无角陶赛特羊(Poll Dorset)　原产于澳大利亚和新西

兰。全身被毛白色。公、母羊均无角。颈粗短，胸宽深，背腰平直，躯体呈圆桶状，后躯丰满，四肢粗短。成年公羊体重90～100千克，母羊55～65千克。胴体品质和产肉性能好。产羔率在130%左右，能全年发情配种。我国在20世纪80年代末开始引入。用无角陶赛特公羊与小尾寒羊母羊杂交，6月龄公羔胴体重为24.2千克，屠宰率达54.5%，净肉率为43.1%。

4. 夏洛莱羊(Charolais)　原产于法国中部的夏洛莱丘陵和谷地。头部无毛，面部呈粉红色或灰色，额宽，耳大。颈短粗，肩宽平，体躯长，胸深宽，背腰平直，肌肉丰满，后躯宽大。两后肢间距大，肌肉发达，四肢较短，肢势端正，肉用体型良好。成年公羊体重110～140千克，母羊80～100千克；周岁羊公、母分别为70～90千克和50～70千克。育肥后的4月龄羔羊体重达35～45千克，胴体重20～23千克，且胴体瘦肉多、脂肪少。产羔率在180%以上。20世纪80年代初，我国内蒙古、辽宁、山东、河南等省、自治区首先引进，用夏洛莱公羊与当地母绵羊杂交，杂交一代公、母羔断奶体重分别比当地绵羊提高27.39%和26.85%；再用无角陶赛特公羊和夏×本(夏洛莱公羊与当地母绵羊)杂种一代母羊杂交，公、母羔断奶重分别提高40.86%和38.47%。

5. 萨福克羊(Suffolk)　原产于英国。被毛杂以有色毛，头、耳及四肢均为黑色。公、母羊均无角，颈粗短，胸宽深，背腰平直，后躯发育丰满，四肢粗壮结实。成年公羊体重100～110千克，母羊60～70千克。剪毛量3～4千克，毛长7～8厘米。3月龄育肥羔羊胴体重达17千克，肉嫩脂少。产羔率为130%～140%。我国主要用其杂交地方粗毛羊，生产羔羊肉。

6. 德克赛尔羊(Texel)　原产于荷兰，是用林肯、莱斯特羊与当地马尔盛夫羊杂交，并经过长期选育而成。该品种体型中等，背腰宽而平直，体躯肌肉丰满，后躯发育良好。眼大突出，鼻镜、眼圈部皮肤为黑色，蹄为黑色。适应性强，耐粗饲。该品种较突出的优点是生长速度快，羔羊70日龄前平均日增重达300克，在适宜的草场条件下，4月龄羔羊体重达40千克，6～7月龄达50～60千克，屠宰率为54%～60%。适龄母羊产羔率为150%～160%。成年公羊体重115～130千克，成年母羊75～80千克。是杂交肉羊较理想的终端父本。

（二）国内绵羊品种

与国外肉用绵羊品种相比，国内绵羊的产肉性能均不高。但原产于山东省济宁市与菏泽市的短脂尾肉皮兼用品种小尾寒羊以其繁殖力高、适应性强而受到人们的欢迎，全国各地纷纷引进并被广泛用作杂交肉绵羊母本。该品种公羊有大的螺旋形角，母羊有小角。公羊前胸较深，背腰平直，身躯高大，呈长方形。3月龄断奶公、母羔平均体重可达20.8千克和17.2千克；周岁公、母羊平均体重分别为60.8千克和41.3千克；成年公、母羊平均体重分别为113.33千克和65.85千克。可四季发情，平均产羔率达250%。

（三）引进肉山羊品种

波尔山羊(Boer Goat)是世界上公认的肉用山羊品种，也是我国引进的惟一肉山羊品种。波尔山羊原产于南非。短毛，头部一般为红(褐)色并有广流星(白色条带)，身体为白色，一般有圆角，耳大下垂。体躯结构良好，四肢短而结实，背宽而平直，肌肉丰满，整个体躯圆厚而紧凑。羔羊初生重3～4千克。断奶前公羔日增重可达200克以上，母羔为160～180克。在良好的饲养管理条件下，6月龄公羔平均体重可达30千克，6

月龄母羔平均体重可达 26 千克。成年公羊体重一般为 100～130 千克,母羊一般为 65～75 千克。波尔山羊 8 月龄即可配种,产羔率为 180%～220%。

(四)国内肉山羊品种

南江黄羊是在我国四川省南江县育成的肉山羊品种。南江黄羊被毛呈黄褐色,毛短且紧贴皮肤,富有光泽,被毛内层有少量绒毛。公羊颜面毛色较黑,前胸、颈肩、腹部及大腿被毛深黑而长,体躯近似圆桶形;母羊大多有角,无角个体较有角个体颜面清秀。南江黄羊成年公羊平均体重 59.3 千克,成年母羊体重 44.7 千克。初生公羔 2.3 千克,母羔 2.1 千克,2 月龄断奶公羔 11.5 千克,母羔 10.7 千克,断奶前公羔日增重 154 克,母羔日增重 143 克。6 月龄公羔体重可达 19 千克,羯羔可达 21 千克。

四、肉羊杂交技术

在肉羊生产中,杂交是获得最大产出率的手段之一。在肉羊生产中,通过选择合适的杂交亲本进行繁殖生产,产羔率一般可提高 20%～30%,体增重提高 20%,羔羊成活率提高 40%。

(一)杂交的基本概念

杂交是指遗传类型不同的生物体互相交配或结合而产生杂种的过程。就某一特定性状而言,两个基因型不同的个体之间交配或组合就叫做杂交。杂交也是指一定概率的异质交配。不同品种间的交配通常叫做杂交,不同品系间的交配叫做系间杂交，不同种或不同属间的交配叫做远缘杂交。

(二)杂交效应

杂交可促使基因杂合，使原来不在一个种群中的基因集中到一个群体中来，通过基因的重新组合和重新组合基因之间的相互作用，使某一个或几个性状得到提高和改进，出现新的高产稳产类型。杂交可以产生杂种优势，不仅使后代性状表现趋于一致，群体均值提高，生产性能表现更好，同时，可使有害基因被掩盖起来，使杂种的生活力更强。

(三)杂交方法

杂交方法可以从不同角度进行分类。按照人工控制与否可分为自然杂交(生物在自然状态下发生的杂交)和人工杂交(人工控制下有目的有计划地开展杂交)；按照亲本间的亲缘程度可分为品系间杂交、品种间杂交、种间杂交和属间杂交等；按照杂交形式不同可分为简单杂交、复杂杂交、轮回杂交、级进杂交、双杂交、顶交和底交等；按照杂交目的不同可分为经济杂交、引入杂交、改良杂交和育成杂交等。本书只介绍按照杂交形式和杂交目的分类的几种杂交方法。

1. 按杂交形式分类的主要杂交方法

(1)简单杂交 也叫二元杂交，是指 2 个血缘或性状不同的羊只间的杂交。其公、母羊个体只杂交一代，而不再继续杂交。这种杂交方法多用于经济杂交，其后代称为杂种一代(F_1)，公羔全部用作商品肉羊。杂种一代羊通常表现出较强的生活力。

(2)复杂杂交 由 3 个以上种群(品系或品种)按一定模式进行逐代杂交，通常有三元杂交(有 3 个种群参加杂交)、四元杂交(有 4 个种群参加杂交)等。

三元杂交是先用 2 个品种杂交,生产在繁殖性能方面具有显著杂交优势的母本群体,再用第三个品种做父本与之杂交,以生产经济用杂种羊群。三元杂效果一般比二元杂交好。

四元杂交一般有两种形式。第一种是先以 4 个品种或品系分别两两杂交,然后再两类杂种间进行杂交,产生经济用商品羊,这种形式也叫双杂交。第二种是用 3 个品种杂交的杂种羊做母本,再与另一品种公羊杂交。实践证明,双杂交的杂种比单杂交杂种具有更强的杂种优势。

(3)轮回杂交 也叫交替杂交,是用 2 个或 2 个以上品种进行轮替杂交。首先使用一个公羊品种,然后使用下一个公羊品种,直到完成一轮杂交。紧接着又开始下一轮杂交,即依次使用第一个、第二个品种杂交。轮回杂交所用公羊始终为纯种,与公羊交配的母羊只有第一次为纯种,以后都为杂种。轮回杂交的主要目的在于充分利用杂种优势。

(4)级进杂交 由 2 个品种杂交,得到的杂种母羊再与其中的父本品种公羊回交,回交杂种母羊还与父本品种公羊回交,如此连续进行,称为级进杂交。通常父本品种都是引进品种,基础母本为当地绵、山羊品种。连续进行回交的次数以获得具有理想性状的后代为原则。级进杂交模式见图 2-1。

级进杂交的目的在于改良当地绵、山羊品种,希望其杂种后代一代更比一代好。但随着杂交代数的增加,虽然主要性状更趋于父本,但对饲养管理条件的要求会更高,也可能出现生活力和生产力下降的现象。如波尔山羊与关中奶山羊的杂交三代母羊 6 月龄体重和周岁重分别比杂交二代母羊下降了 7.16%和 14.55%。杂交三代羔羊的平均发病率分别比杂交一代、杂交二代羔羊高 6.94%和 3.22%。因此,级进杂交必须考虑杂交获得的生产力的增加（与基础母本相比）在经济上是否合算，如果高代杂种的额外饲养和保健代价高于可获得的生产力增加的收益，该级进杂交模式可看作是失败的。另外，如果发现杂种优势是杂种一代生产力的重要因素，就不宜开展级进杂交，因为这种优势随着杂交代数的增加而逐渐下降，直到最终完全消失。级进杂交在肉羊育种实践中较少采用，更少用于商品肉羊生产。

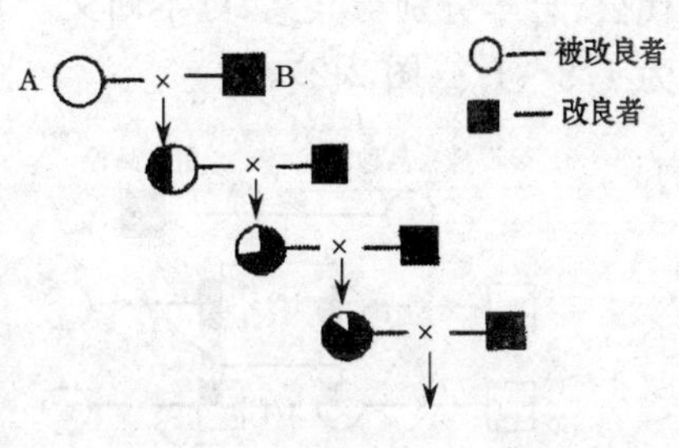

图 2-1 级进杂交示意图

2. 按杂交目的分类的主要杂交形式

(1)育成杂交　以育成新品种或新品系为目的的杂交称为育成杂交。杂交方式有多种，如复杂杂交、级进杂交等，但不采用轮回杂交。在育成杂交中，无论采用哪种杂交方式，当杂交后代中出现理想型时，应当选择其中的优秀公、母羊互交（横交固定），使羊群中支配主要理想性状的纯合子增加，从而育成品种或品系。

(2)改良杂交　也叫改造杂交。是以利用外来品种的优良性能改良经济价值较低的本地品种，但仍保留本地品种适应性为目的的杂交方式。改良的结果不仅是提高其生产性能，甚至是改变其生产方向。改良杂交的效果通常是第一代最明显，以后逐渐下降。

(3)引入杂交　也叫导入杂交。是以保持本地品种的性能特点为主，吸收外来品种某方面的优点，以加快改良本地品种的某些缺点为目的的杂交方式。导入杂交只杂交1次，然后一代公、母羊分别与其父、母本回交。外来品种的基因比例一般为1/8～1/4(图2-2)。

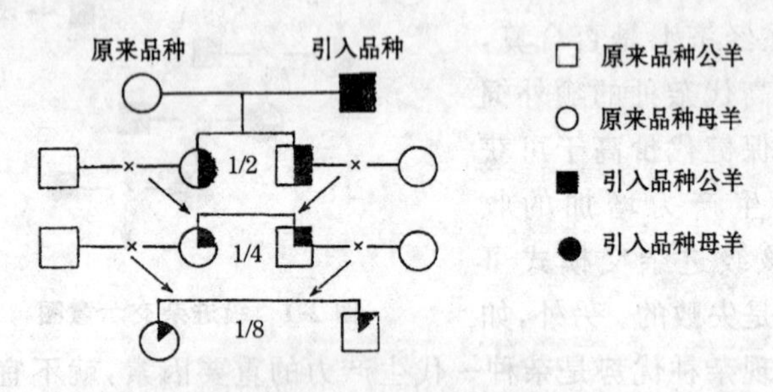

图2-2 引入杂交示意图

(4)经济杂交 是以利用杂种优势,尽快提高绵、山羊经济利用价值为目的的杂交方式。如简单杂交、复杂杂交、轮回杂交等都属于经济杂交。

(四)肉羊杂交技术要求

1. 选择理想的杂交父、母本品种 杂交用父、母本品种必须根据杂交组合试验结果予以选择。主要从生产性能、适应性和资源可利用性三方面考虑。

(1)生产性能

①父本 肉用性能好,表现为早熟、生长发育快。如萨福克羊、南丘羊、汉普夏羊和有角陶赛特羊都属早熟品种,而且生长发育快,饲料报酬高。美利奴羊和林肯羊属于晚熟品种。边区莱斯特和罗姆尼羊的早熟性介于前两者之间。如果采取简单的两品种经济杂交,公羊可在早熟品种中选择。如果进行复杂杂交,第一次杂交,可选择大型品种(如边区莱斯特)或早熟品种,最后使用的公羊(终端父本)必须具备早熟、生长发育快、饲料报酬高等性能。

选择经济杂交用父本品种还要考虑繁殖性能。虽然父本的繁殖性能没有生长发育重要，但在配种相同数量母羊的条件下，多胎品种公羊获得的杂种后代较单胎公羊高得多，尤其是可获得更多的可用于继续杂交的杂种母羊。如用多胎品种公羊杂交时，其杂种一代母羊的产羔率可提高60%。芬兰兰德瑞斯羊虽然繁殖性能较高，但其他性能不突出，最好用作第一次杂交父本。其杂种后代再与南丘羊、有角陶赛特羊等杂交，杂种的产肉性能会更好。法国绵、山羊研究所用兰德瑞斯公羊与法国岛羊母羊杂交，然后一代杂种母羊再用法国岛羊公羊杂交，第二代杂种经过选择，进行自群繁育。结果二代杂种羊的产羔率得到显著提高，5月龄配种的母羊产羔率为181.4%，并具有全年繁殖的特性，可实现2年产3胎，每只母羊平均产羔2.53只，羔羊肉质好。美国用芬兰兰德瑞斯羊和澳大利亚的布鲁拉羊与当地的兰布里耶羊杂交，平均每只母羊多产羔0.9只。

②母　本

第一，选择高繁殖力品种和发情季节长的品种。虽然多胎羔羊生长发育较单羔差些，但1只高繁殖力母羊为社会提供的羊肉总产量必然高于低繁殖力母羊。其饲养成本低，饲养效益高。因此，饲养多胎母羊较合算。但许多高繁殖力绵羊品种却不具备高产肉性能，如芬兰的兰德瑞斯羊、俄罗斯的罗曼诺夫羊、澳大利亚的布鲁拉羊、我国的小尾寒羊和湖羊等品种。杂交技术可将各品种的有利基因有机地组合在一起，使杂种羊既具备较高的繁殖力，又表现出较好的产肉性能。国内在导入小尾寒羊血液提高当地绵羊繁殖力方面的成功例子也很多。

第二，考虑产奶性能。如波尔山羊与关中奶山羊杂交，不仅是因为奶山羊体格大，繁殖力高，杂种后代具有体格优势和绝对增长速度，而且因为奶山羊的奶量充足，有利于羔羊前期生长发育。其杂种二代羔羊较高的生长速度在一定程度上也得益于杂种一代母羊高产奶量。因此，周占琴等人提出，波尔山羊与关中奶山羊的一代、二代杂种可用作乳羔肉生产。

（2）适应性　在选择杂交用公羊品种时，应考虑不同品种的适应性和当地的生态与生产条件。例如，林肯羊的杂种后代对自然和生产条件要求较高，在营养水平不足时，杂种的发育远远落后于其他肉毛兼用品种杂种后代，甚至低于母系品种同龄后代的水平。因此，在气候和草场条件较严酷的地区，不宜引进林肯羊并用于杂交改良。在气候炎热干旱的地区，应选用边区莱斯特品种公羊。在气候潮湿的地区应选用罗姆尼品种公羊。在气候适宜，饲草、饲料丰盛的地区，以选用有角陶赛特、萨福克或南丘品种公羊为宜。

（3）资源的可利用性　在开展经济杂交时，父系一般采用早熟性强、肉用性能好的引进品种公羊，母本一般选用当地品种。这不仅是因为当地品种母羊能够较好地适应当地生态和生产条件，而且因为其数量大，资源丰富，可节约购买母本的开支。

2. 注意杂交父、母本的个体选择与选配

（1）个体选择

①公羊选择　公羊应当是经过系谱考察和后裔测定而被确认为高繁殖力的优秀个体。其体型结构理想，体质健壮，睾丸发育好，雄性特征明显，精液品质优。

②母羊选择　从多胎的母羊后代中不断选择优秀个体，以期获得多胎性能强的繁殖母羊，并注意母羊的泌乳、哺乳性能。也可根据家系选留多胎母羊。如澳大利亚从西尔羊群中

选出2只1胎产5羔的公羊，13只1胎产3～4羔的母羊，和1只1胎产6羔的母羊，组成核心群，进行有计划培育，终于培育出布鲁拉羊，其平均产羔率达到210%。另外，初产羊的多胎率与其终生的繁殖力有一定联系。据武和平等人(2003)对波尔山羊观察，初产单羔的母羊6岁前平均每胎产羔1.67只，初产双羔的母羊6岁前平均每胎产羔2.4只，产单羔的比例仅为1/15。另据姚树清(1992)对绵羊的观察，初产单羔的母羊在随后3产中，平均产羔为1.33只，1.31只和1.4只。而初产双羔的母羊，分别产羔1.73只，1.71只和1.88只。由此可见，通过对初产母羊的选择，能够提高羊的多胎性能。

(2)公、母羊选配　正确选配对提高繁殖力来说也是非常重要的。实践中，选用双胎公羊配双胎母羊可获得较多的羔羊，所产多胎的公、母羔也可留作种用。单胎公羊配双胎母羊时，每只母羊的产羔数有所下降；单胎公羊配单胎母羊，其产羔数会更低。

3. 考虑主要经济性状的遗传力　遗传力低的性状容易获得杂种优势，如产羔数、初生重、断奶重等性状遗传力低，主要受非加性基因的影响，近交时退化严重，杂交时优势明显，若通过纯繁来提高则进展不大。遗传力中等的性状，如断奶后的增长速度和饲料利用率属于遗传力中等的性状，杂交时有中等的杂交优势。遗传力高的性状，不易获得杂种优势，杂交的影响很小。如胴体长度、眼肌面积等遗传力高，主要受加性基因的影响，通过杂交改进不大。

4. 考虑父、母本的遗传差异　一般说来，亲本遗传基础(基因型)差异越大，杂种优势表现就越明显。如果两个亲本群体缺乏优良基因，或亲本群体纯度很差，或两亲本群体在主要经济性状上基因频率无多大差异，或缺乏充分发挥杂种优势的饲养条件，都不能表现理想的杂种优势。由此可见，杂种优势的利用，乃是以培育亲本种群和选择杂交组合一直到创造适宜的饲养管理条件等一整套措施，杂交不过是其中一环而已。

5. 进行性状的配合力测定 配合力测定是指不同品种和品系间配合效果。生产实践和科学研究证明，一个品种(品系)在某一组合中表现得不理想，而在另一组合中的表现可能比较理想。因此，不是任意两种(或品系)的杂交都能获得杂种优势。配合力表现的程度受多方面因素影响：不同组合(品系)相互配合的效果不同，同一组合里不同个体间配合的效果也不一样，不同组合在相同环境里表现不同，同一组合在不同环境里表现不同。我们必须仔细进行配合力测定工作，找出适合于本地区的优秀杂交组合。因此，在开展经济杂交前，必须进行杂交用品种的配合力测定，并在测定的基础上建立和健全杂交体系，使杂交用品种各自的优点在杂交后代身上很好结合。据前苏联资料报道，细毛羊×粗毛的杂种母羊与肉毛兼用公羊进行杂交，每 100 只杂种羔羊的产肉量比母系品种的同龄羊多得 200～300 千克，每 100 千克体重较母系品种同龄羊少消耗 591～1 182 兆焦净能。据文献资料指出，不同性状表现出的杂种优势强度是不同的，它们表现的强弱顺序归纳如下：生活力、产羔率、泌乳力、母性本能、体重、生长速度、饲料利用率、剪毛量、羊毛长度和密度。品种之间遗传差异愈大，其后代表现出的杂种优势愈大。一般羔羊的成活率可提高 40%，产羔率可提高 20%～30%，增重率可提高 20%，产毛量可提高 33%左右。

6. 提供适宜的饲养管理条件 肉羊生产性能的表现是遗传基因与环境共同作用的结果。在环境条件中，营养对杂交优势的影响较大，有一些组合在高营养水平表现较好，在中等营养水平表现较差；另一些组合在中等营养水平较好，在高营养水平表现也没有提高。饲养方法、环境温度对杂种优势的表现也有影响。

7. 杂种优势率的估算 为了准确度量杂种优势率的大小，还必须估量主要经济性状的杂种优势率。

第一，关于估算方法。在估计杂种优势率方面，曾出现两种意见：一种意见认为最好的度量方法是看杂交一代的某一数量性状表型值能否超过某一个亲本数值；另一种意见认为，杂种优势最好是通过杂种一代某一数量性状平均表型值和双亲的表型值平均数相比较加以度量。目前普遍认为，用杂交一代的各数量性状平均数和双亲相应性状的平均数进行比较，来计算杂种优势程度的大小是比较合理的方法。因为杂种优势是父、母亲本品种遗传基础共同贡献和作用的结果，而且双亲对杂种优势的贡献大小还有一定的差异。我国长期以来，很多杂交试验报告，大多用杂种性状平均数与母本品种来比较，缺乏双亲对照试验资料，造成杂种优势的估计失去准确性。产生这种现象的原因，除了对估算杂种优势的方法缺乏理解外，还受试验条件的限制，只有杂交试验组，没有双亲的对照组，只好和一般的母本比较，而且常常是与不同饲养水平的母本相比较，从而使杂种优势的估计失去真实性。这一点应引起今后的注意，力争做到杂交试验达到合理和准确性。杂种优势常用的估算公式：

$$\text{杂种优势率}(\%)=\frac{\text{杂交一代性状平均值}-\text{双亲性状平均值}}{\text{双亲性状平均值}}\times 100\%$$

具有杂种优势的杂种个体间交配来固定杂种优势的做法是不成功的，即杂种优势不可固定。这就是育种过程中对高代杂种(级进杂交三代、四代)进行固定,而不对杂种一代进行固定的原因。杂种一代、二代羊除了选留部分个体用于继续级进杂交外,基本上用作商品肉羊。

第二,杂交效果比较应当是对相同管理条件下的不同杂交组合的性状比较。

第三,保持亲本母羊的持续作用。杂交用父本品种一般数量少,不易流失;母本数量大,生产性能差的容易被淘汰。因此,为了能长久地利用杂种优势,应当保护好亲本品种。

第四,重视杂交后代的适应性。一个优秀的引入品种不能完全替代本地品种的主要原因是适应性差,而连续数代的杂交也可能产生同样的问题。因此,经济杂交代数应根据杂种后代的表现给予适当控制。否则,杂种优势的潜力就难以发挥出来。

(五)肉羊杂交方法的选择与应用

1. 二元杂交 主要用生产性能优良的肉用羊品种做父本,用本地羊做母本,杂交一代羊通过育肥进行肉羊生产。如用杜泊羊、夏洛莱羊或萨福克羊做父系,以小尾寒羊做母系,生产二元杂交肥羔。周占琴等人(2001)的大量试验证明,波尔山羊与大型奶山羊(非肉用)的杂种二代不论从体型结构看,还是从生长速度看,都具备了肥羔生产的优势。杂种一代母羊所具备的高产奶量是保证二代羔羊杂种优势充分表现的重要条件。奶山羊与地方肉用型山羊的杂种母羊再与波尔山羊杂交,其羔羊也是较理想的肥羔。

模式一:

杜泊羊♂(或夏洛莱羊♂、萨福克羊♂)×小尾寒羊♀

模式二：

波尔山羊♂× 陕南白山羊♀

↓

肥羔

模式三：

波尔山羊♂×奶山羊♀(非奶用)

↓

波尔山羊♂× 杂种一代♀

↓

肥羔

2. 多品种杂交　大量的试验证明，采用多品种杂交技术生产肥羔效果好。澳大利亚和新西兰在绵羊肥羔生产中广泛采用多品种杂交。虽然他们的肥羔生产方式不同，但都是根据本国或本地区的自然、品种资源等情况，选择成熟早、生长快、体格大的品种做父系，选择繁殖力高、母性强的品种做母系，通过杂交来生产优质羔羊肉。我国多选择具有早熟、体型大、繁殖率高、生长快等特点的公羊(如无角陶赛特羊)作为第一父本，与小尾寒羊母羊杂交，其杂交一代(F_1)具有体格大、繁殖率高、泌乳性能好等特点。杂种一代公羊直接育肥，杂种一代母羊再与初生重大、前期生长快、体重大、瘦肉率高的肉用品种(如夏洛莱羊或萨福克羊)公羊(终端父本)杂交，杂交二代(F_2)全部用作肥羔生产。其结果是不仅获得了较多的羔羊，而且羔羊继承了亲代体大、健壮、肉用性能好(生长快、产肉多)等特点。

(1)澳大利亚模式　澳大利亚是以饲养毛用绵羊品种美利奴羊为主的。美利奴羊繁殖力低，成熟晚，泌乳量少，肉用性能较差。因此，如果用于生产羊肉，必须与其他品种进行杂交。

边区莱斯特羊则具有体格大、繁殖力高、母性强等特点，用该品种与美利奴羊杂交，其后代产羔多，生长发育快，但成熟晚。因此，又选择具有生长快、早熟等特点的南丘羊和有角陶赛特羊作为杂交终端父本，取得良好的效果并被广泛推广使用。

模式一：

边区莱斯特羊♂(或罗姆尼羊♂、英国莱斯特羊♂)×美利奴羊♀

↓

南丘羊♂(或有角陶赛特羊♂)×一代杂种♀

↓

肥羔

模式二：

边区莱斯特羊♂×美利奴羊♀

↓

边区莱斯特羊♂×一代杂种♀

↓

南丘羊♂(或有角陶赛特羊♂)×二代杂种♀

↓

肥羔

(2)新西兰模式 新西兰是一个以饲养肉羊为主的国家，他们也选择体型大品种的边区莱斯特羊作为第一次杂交父本，早熟品种南丘羊作为终端父本。新西兰普遍推行的肉羊杂交模式是：

边区莱斯特羊♂×罗姆尼羊♀(或考力代羊♀)

↓

南丘羊♂×杂种一代♀

↓

肥羔

(3)美国模式　有关提高肉羊生产效率的大量研究表明，三品种或四品种的交替杂交效果更好。美国马里兰州贝茨维乐动物研究中心用汉普夏羊、雪尔普夏羊、南丘羊和美利奴羊4个品种进行的杂交实验表明，两品种杂交羔羊断奶重比纯种高13%；三品种杂交羔羊断奶重比纯种高38%，比两品种杂交羔羊高25%；四品种杂交羔羊又比三品种杂交高18%。因此，在商品羔羊肉生产中，以三品种或四品种杂交效果更好，更能提高养殖效益(表2-1)。

表2-1　汉普夏羊、雪尔普夏羊、南丘羊和美利奴羊不同杂交方式表现的杂种优势

性　　状	杂种相当于纯种的百分数(%)		
	两品种杂交	三品种杂交	四品种杂交
每只产羔母羊产羔数	93	108	109
出生活羔羊的断奶羔羊数	105	105	111
每只配种母羊断奶羔羊数	102	117	130
羔羊断奶重	110	119	120
每只配种母羊的断奶羔羊重	113	138	156

引自赵有璋《羊生产学》(2002)

美国比较成熟的用于肥羔生产的杂交组合：

萨福克羊♂×西部牧区羊♀(或得克萨斯州羊♀、塔基羊♀、哥伦比亚羊♀)

↓

芬兰兰德瑞斯公羊♂×杂种♀

↓

汉普夏羊♂×杂种♀

↓

肥羔

(4)中国模式 由于各地母本资源差异较大，因此，采用的杂交模式也不尽相同。

模式一：

无角陶赛特羊♂×小尾寒羊♀

↓

夏洛莱羊♂×杂种一代♀

↓

肥羔

模式二：

德国肉用美利奴羊♂×蒙古羊♀

↓

无角陶赛特羊♂×杂种一代♀

↓

肥羔

模式三：

萨福克羊♂×小尾寒羊♀

↓

杜泊羊♂×杂种一代♀

↓

肥羔

模式四：

奶山羊♂×陕南白山羊♀(或马头山羊♀)

↓

波尔山羊♂×杂种一代♀

↓

肥羔

五、肉羊良种高效繁殖技术

（一）人工授精技术

1. 采精与精液保存

（1）采精的基本条件

①选择好场地　采精场地应选择在平坦不滑、干净卫生、周围无噪声的房舍内。场地一经选择，便保持相对固定，不要经常变动。因为公羊会因环境陌生而拒绝爬跨、射精。

②准备好器具　凡与精液接触的一切器材和用具均要求清洁、干燥、无菌。经消毒液浸泡过的器具，用前必须先用清水冲洗干净，再用蒸馏水冲洗 2～3 次。经自然干燥或干燥箱干燥的器械再根据其材料性能，予以高压蒸汽消毒或干热消毒。

③准备好台羊　用作采精的台羊，必须是发情母羊。在繁殖季采精，可从母羊群中选择发情羊作为台羊。在非繁殖季节，需要对用作台羊的母羊进行诱导发情，通常是注射适量的雌二醇。

④调教好公羊　对初次采精的公羊一般要进行调教。可选择下列训练措施。

第一，将不会爬跨的公羊与发情母羊圈在一起。

第二，在其他公羊配种或采精时，让被调教公羊站在一旁，诱导其爬跨。

第三，每天定时按摩公羊睾丸，每次 10～15 分钟。

第四，隔日注射丙酸睾丸素 1～2 毫升，连续注射 3 次。

（2）采精前的准备　先安装假阴道。即把假阴道内胎放入外壳，光面向里，粗面向外。将两头反转套在外壳上。固定好的内胎应松紧适中、匀称、平整，不起皱褶和扭转。装好后，用洗洁净洗去内胎上的污物，再用清水反复冲洗净，最后用蒸馏水冲洗1～2次，自然干燥。两端加橡胶圈固定，一端装集精杯。采精前1小时置于紫外线灯下照射消毒，或用75％酒精棉球先里后外擦拭消毒内胎。使用前必须检查假阴道外壳有无裂缝或小孔；假阴道内胎是否漏气，有无裂损；气嘴是否漏气，扭动是否灵活。安装好的假阴道应盖上清洁纱布或平置于消毒箱内。使用时，根据气候和室内温度变化情况，在假阴道夹层内注入50℃左右的热水150～180毫升，使假阴道内温度保持在38℃～40℃。在假阴道内胎腔的前1/2段涂以润滑剂或生理盐水。装上气嘴，注入适量空气，使内胎一端中央呈"Y"字形或三角形，合拢而不向外鼓。

(3)采精操作 选择发情的健康母羊做台羊，将其颈部卡在采精架上。母羊的外阴部和公羊的阴茎包皮周围用0.1％高锰酸钾水消毒后，再用消毒纱布或毛巾擦干。采精员蹲在台羊右后侧，右手持已准备好的假阴道，气嘴向下，靠在台羊臀部，假阴道与地面呈35°～40°角。当公羊爬跨台羊而阴茎未触及台羊后躯时，用左手轻轻地、迅速地将阴茎导入假阴道内。待公羊射精完毕，阴茎从假阴道中自行脱出后，采精员立即将假阴道直立，筒口向上，打开气嘴放气，取下集精杯，送去镜检。此时不能让假阴道内的水流入精液中，外壳有水也要擦干。

(4)精液品质检查 精液品质与受胎率有直接关系。通过精液品质检查，可以确定稀释倍数和采得的精液能否用于输精，也是对种公羊种用价值和配种能力的检验。精液品质检查要求快速而准确，取样有代表性。室内温度应保持在20℃～25℃，显微镜应置于保温箱内，通过安装灯泡等方法将保温箱内的温度调整到 37℃左右，使精液避免受到冷刺激而保持正常活力。精液品质检查的项目通常包括颜色、射精量、气味，精子密度、活力和畸形精子比率等。

①颜色　精液采得后立即观察颜色，正常精液一般为乳白色或浅黄色，通常乳白色精液中的精子密度大于浅黄色精液。除上述两种颜色外，其他颜色均被视为异常，如精液发黄或发绿，表明混入尿液或脓汁。精液呈灰色或棕褐色，表明生殖道内可能被污染或混入异物。具有异常颜色的精液不能用于输精。

②射精量　绵、山羊的射精量一般为 0.5～2 毫升，可用灭菌针管或输精器吸取测量。如果成年公羊的一次射精量低于 0.3 毫升，通常精液品质也较差，可视为采精失败。

③气味　正常的精液除具有精液特有的腥味外，无其他特殊气味，如有腐臭等异常气味，则不能用于输精。

④精子密度　指单位体积中的精子数。公羊精液的精子密度一般为 20 亿～30 亿/毫升，分为密、中、稀三级，25 亿/毫升以上为“密”；20 亿～25 亿/毫升为“中”；15 亿/毫升以下为“稀”。用肉眼观察采集的精液时，可看到由精子翻腾滚动所形成的云雾状态。因此，有经验的人可根据精液云雾的明显程度判断精子活力和密度。用显微镜观察时，可看到精子遍布全视野，相互间的空隙小于 1 个精子长度，看不到单个精子活动情况为“密”；精子与精子间的空隙相当于 1～2 个精子的长度，能看到单个精子活动为“中”；精子与精子间空隙超过 2 个精子长度，视野中只有少量精子为“稀”。密度在中等以上的精液才能用于输精。

计算精子数目的方法有计数法和比色法 2 种。常用的是计数法，其操作步骤如下。

第一步，混匀精液，用红细胞计数器吸管吸取精液至刻度0.5（稀释200倍）或处；继续吸入3%～5%的氯化钠溶液至刻度100处。注意吸管内不能出现气泡，然后擦净吸管尖端，用拇指和食指按住吸管两端，上下翻转几次，使精液与氯化钠溶液充分混合。

第二步，检查前弃去吸管前端4～5滴稀释精液。

第三步，将吸管尖放在计数板中部的边缘处，轻轻滴入1滴稀释精液，让其自然流入计数室内。

第四步，将显微镜调整到200～600倍，全视野覆盖计算室上一个大方格的刻线。计算室上共有25个大方格，计数的5个大方格取上下左右中各一个，即第一、第五、第十三、第二十一、第二十五个。

第五步，记下5个方格内的精子数。计算时，遇到压线精子，只计算上边和左边的头部压线精子。

第六步，将5个大方格内精子总数乘以1 000万，求得1毫升原精液的精子密度。为减少误差，取两次样品计数的平均值。

⑤精子活力　也叫精子活率。是指在37℃温度条件下，精液中呈直线前进运动的精子百分率。精子活力是评定精液品质的重要指标。检查时，用灭菌玻璃棒蘸取1滴精液，置于载玻片上，加盖玻片，在200～600倍显微镜下观察。全部精子都呈直线前进运动则评为1级，90%的精子呈直线前进运动为0.9级，以此类推。通常原精液精子活力在0.7级以上。原精稀释后活力在0.4级以下、冻精解冻后活力在0.3级以下时，不宜用于输精。

⑥畸形精子比率　凡是精子形态不正常的均为畸形精子，如头部过大或过小、双头、双尾、断裂、尾部弯曲、带原生质

滴等。合格精液的精子畸形率不得超过14%。

(5)鲜精保存 虽然不同条件下精液保存所用的稀释液不同,但都要求等温稀释,即稀释液的温度与精液的温度相同或相近,而且要尽快稀释,以避免精子受刺激而死亡。稀释时,先将精液吸至经清洗、消毒的暗色小瓶内,再将事先准备好(经水浴或恒温箱保存加温)的稀释液沿瓶壁缓缓加入,然后轻轻摇动混匀。通常根据精子活力和密度稀释精液。鲜精按1∶10～15稀释,冻精按1∶3～4稀释。

①低温(2℃～5℃)保存 通常是置冰箱冷藏室保存。即将装有稀释好的精液瓶子包上8～12层纱布(逐渐降温),放入冰箱2℃～5℃冷藏室保存。保存时间以不超过2天为宜。在低温条件下,精液保存的时间较长,因此,可给精子补充能量和缓冲精子代谢过程中产生的乳酸和碳酸等有害离子的葡萄糖柠檬酸钠稀释液,也可用理化特性较适合精子存活的脱脂羊奶。生产中可选择A,B,C 3种稀释液。

A液 取葡萄糖3克,柠檬酸钠3克,加双蒸馏水至100毫升,经过水浴消毒30分钟,放入冰箱保存。用时取该基础液80毫升,加蛋黄20毫升,青霉素10万单位,链霉素100毫克。

B液 取葡萄糖3克,柠檬酸钠1.4克,加双蒸馏水至100毫升,经过滤、消毒后,放入冰箱保存。用时取该基础液50毫升,加消毒脱脂羊奶50毫升,青霉素10万单位,链霉素100毫克。

C液 将羊奶煮沸、去脂肪后,装入盐水瓶水浴消毒30分钟,置于冰箱保存、待用。

②室温保存 在没有低温保存条件或者采精后能及时用

完的情况下，可采用室温保存法。室温保存应尽量选择凉爽环境，如悬吊在井内或放置在地窖里，尽量避免因环境温度偏高造成精子快速运动、消耗能量而过早衰老、死亡。保存时间不超过1天。保存用稀释液可选择D，E，F3种稀释液。

D液　维生素B_{12}注射液。

E液　0.9%氯化钠注射液。

F液　葡萄糖(5%)氯化钠(0.9%)注射液。

周占琴等(1998)试验证明，维生素B_{12}注射液稀释的波尔山羊精液在37℃温度条件下有效存活时间是0.9%氯化钠注射液与葡萄糖氯化钠注射液的2.96倍和2.35倍。因此，维生素B_{12}注射液是山羊精液理想的常温保存稀释液。葡萄糖氯化钠注射液可为精子补充能量，因此，其保存效果优于氯化钠注射液。

(6)冷冻精液解冻

①*解冻液的选择*　与干解冻和2.9%柠檬酸钠液解冻效果相比，维生素B_{12}注射液解冻的山羊精子不仅活力较旺盛，而且解冻后精子在37℃温度条件下的平均有效存活时间比前两种方法解冻的精子存活时间长3.4倍和2.05倍。因此，维生素B_{12}注射液是山羊颗粒冷冻精液理想的解冻液。

②*颗粒冷冻精液的解冻方法*　先取已消毒的小试管，加入维生素B_{12}注射液0.3毫升，置于45℃～50℃温水中水浴升温。再将装精液的小袋提至液氮罐颈基部(注意不得提至颈口)，用镊子夹取冷冻精液2粒，迅速投入已升温的盛有维生素B_{12}注射液的解冻管内，轻轻摇动解冻管，待精液颗粒融化至1/3体积时，提离水面，继续摇动至完全融化。取1滴解冻精液置于显微镜下观察活力，显微镜应置于保温箱内，温度控制在35℃左右。解冻精子活力在0.3以上的精液方可用于输

精。解冻时注意动作要轻、稳、快，严防水浴用水进入解冻管。解冻后的精液应当立即使用，不要久置，更不要突然升降温度或反复升降温度。

③细管冷冻精液的解冻方法　有两种方法可供选择。第一种为一步解冻法，直接将细管冷冻精液置入 38℃～42℃温水中，待解冻后立即提离水面。第二种为两步解冻法，即先将细管浸入 60℃～70℃热水中，待精液融化 1/3～1/2 时，将其移至与室温相近的温水中继续解冻。

(7)输　精

①输精时间的确定　母羊的发情表现与膘情、年龄、光照等因素有关。一般来说，在日照逐渐缩短、气温较凉爽的秋季，青壮年母羊发情表现较明显，发情持续期可达 48 小时以上；老龄羊、瘦弱羊及部分处女羊发情表现不太明显，而且持续时间较短。冬季气温偏低时，羊发情表现较差。但应强调指出的是，羊个体间表现差异较大，少数羊表现为安静发情。因此，在绵、山羊繁殖季节，饲养员应勤观察，每天早晚用试情公羊试情，并根据母羊的行为表现等作出判断。

A. 行为表现　绵、山羊发情时，常常表现为兴奋不安，对外界刺激较敏感，频频摇尾。按压十字部时，其摇尾现象更为明显。接受公羊爬跨或主动接近公羊，爬跨公母羊、爬墙或栏杆，食欲减退，不时咩叫。

B. 外阴部表现　发情初期，外阴部肿胀，湿润，但颜色较浅，流出较清亮的粘液。到发情中期，外阴部变为潮红色，肿胀更为明显，流出的粘液稠如面汤，此时便可输精。发情结束时，外阴部肿胀逐渐消退，颜色变为紫红色或暗红色，且粘液干结。

C. 阴道内表现　用开膣器打开阴道，可见阴道表面湿润、充血、潮红、粘液较稠，子宫颈口肿胀、开张、有光泽，此时便可输精。如果羊膘情较好，阴道为浅红色或粉红色、粘液较清亮、子宫颈口肿胀不明显或未开张，可以判定该羊为发情初期，还不宜输精。如果阴道内粘液粘稠结块，子宫颈口肿胀有所消退，颜色变暗，可判定该羊发情即将结束。

一般老龄母羊和处女羊发情持续期短，可在发情早期（发情 12 小时左右）配种。间隔 12 小时后再配第二次。青壮年羊发情持续期长，可在发情中期（发情 24 小时左右）配种，间隔 12 小时后再配第二次。

②输精前的消毒准备

A. 检查精液　输精前必须对所用的精液进行镜检。显微镜保温箱的温度应升到 35℃。经镜检合格的精液方可用于输精。

B. 升温　低温保存的精液应根据需要，吸入小瓶内，然后将小瓶在 35℃左右的温水中升温 1～2 分钟，立即输精。

③输精方法

A. 保定母羊　保定者倒骑母羊，两腿夹住母羊颈部，两手提起母羊后肢，使母羊身体纵轴与地面呈 45°夹角，便于寻找子宫颈口，准确输精。

B. 冲洗母羊外阴部　用新配制的 0.1%高锰酸钾溶液，自流式冲洗母羊外阴部，再用消毒纱布或毛巾擦干。

C. 输精器械消毒　用过的输精器械先用酒精棉球由前向后擦洗，再用生理盐水纱布擦洗 1 次，方可用于输精。

D. 输精　输精员手持消毒好的开膣器，与地面呈 30°夹角，采用沿阴道背部先上、后平、再下的方法，插入母羊阴道内，在其前方的上、下、左、右寻找子宫颈口，向子宫颈插入输精器 1～3 厘米，放松开膣器，推送精液，然后抽出开膣器及输精器。

④输精量　鲜精输精，按每次输入有效精子 5 000 万个计算输精量；冻精输入方法同鲜精，输入剂量为一次 2 粒或 1 支。

⑤输精时应注意事项

第一，防止精液被污染。活力太差的精液往往不能受精。活力较好的精液如果因输精技术不当，将环境性致病菌带进子宫腔，同样可引起母羊不孕。由于致病菌的代谢产物可刺激子宫粘膜分泌前列腺素 $F_2\alpha$，使黄体消退，微生物还可能直接使精子、合子和胚胎死亡。

第二，输精动作要轻而快，防止损伤母羊阴道和子宫。

（二）胚胎移植技术

胚胎移植（embryo transfer，缩写为 ET）也称受精卵移植、人工受胎或借腹怀胎。其含义是将一头良种母畜配种后的早期胚胎取出，或者由体外受精及其他方式获得的胚胎，移植到另一头同种的生理状态相同的母畜体内使之继续发育成为新个体。提供胚胎的个体称为供体（donor），接受胚胎的个体称为受体（recipient）。胚胎移植实际上是产生胚胎的供体和养育胚胎的受体分工合作共同繁殖后代的过程，是家畜育种工作的有效手段。

1. 胚胎移植的意义

（1）充分发挥优良母羊的繁殖力，提高繁殖效率　1 只良种母羊通过超数排卵处理，1 次即可获得多枚胚胎。1 只羊一生中可多次用于超排处理，因此，所产生的后代比在自然繁殖条件下所产的羔羊多十几倍，甚至几十倍。据周占琴等人观察，只要手术熟练，消毒严格，波尔山羊在不同年度可以重复超排处理 3 次以上或同一年度内重复超排 2 次。每次间隔 2 个月以上，一般不影响超排效果。他们从 1 只经 2 年 3 次超排处理的高产波尔山羊体内采得 96 枚受精卵，获得活羔羊 48 只。这只羊甚至还可用于第四、第五次超排处理。即使自然繁殖，还能产羔 8～10 只。由此可见，应用超数排卵和胚胎移植技术可使良种母羊的繁殖力得到最大发挥。

(2)缩短世代间隔，加快遗传进展 在绵、山羊育种工作中，应用胚胎移植育种技术可加大选择强度，提高选择准确性，缩短世代间隔。这对加快遗传进展尤为重要。据史密斯(Smith)1985 年报道，应用胚胎移植育种技术，牛、羊生长性状的年遗传进展分别提高 33%和 62%。

(3)使不孕母畜获得生殖能力 有些优良母羊容易发生习惯性流产或由于其他原因不宜负担妊娠过程的情况下(如年老体弱)，可让其专作供体，正常繁殖后代。

2. 胚胎移植的基本要求

(1)胚胎移植前后所处环境应具有同一性 ①供体和受体动物在分类学上属于同一物种。②供、受体动物发情时间相同或相近，二者的发情同步差要求在±24 小时内。③胚胎在移植后与移植前所处的空间部位相同，采自子宫角的胚胎必须移植到受体的子宫角，而不能移到输卵管。

(2)胚胎发育的期限 胚胎采集和移植的期限不能超过周期黄体的寿命，更不能在胚胎开始附植之时进行。而应在供体发情配种后 3～8 天内采集胚胎，受体也在相同的时间接受胚胎移植。

(3)胚胎质量 从供体体内采集的胚胎必须经过严格的鉴定，确认发育良好者(有效胚)才能移植。此外，在整个操作过程中，胚胎不应受任何不良因素的影响而危及生命力。

(4)供、受体的状况 ①供体羊的生产性能要高于受体羊，经济价值要大于受体羊。②供、受体羊应健康无病，特别是生殖器官应具有正常的生理功能。

3. 供、受体羊的准备

(1)供体羊的选择 ①具有一定遗传优势，生产性能高，经济价值大。②具有良好的繁殖性能，繁殖史上没有遗传缺陷，生殖器官正常，无繁殖疾病，易配易孕，分娩顺利，无难产或胎衣不下现象，性周期正常，发情症状明显。③营养状况良好，健康无病。

(2)受体羊选择 受体羊可选用非良种个体或土种羊，也应具备良好的繁殖性能和健康状态，而且体格大，产奶量较高。肉山羊胚胎移植应选择大型奶山羊作受体，高产肉绵羊胚胎移植可选择小尾寒羊作受体。

4. 供体羊的超排处理 超排处理就是在母畜发情周期的适当时间，施以外源促性腺激素，提高血液中促性腺激素浓度，降低发育卵泡的闭锁率，增加早期卵泡发育到高级阶段(成熟)卵泡的数量，从而排出比自然情况下多得多的卵子。这种方法称为超数排卵，简称超排。

超排处理使用的激素主要有促卵泡素(FSH)、孕马血清(PMSG)、前列腺素($PGF_2\alpha$)及其类似物、促黄体生成素(LH)和促性腺激素释放激素(GnRH)等。以促卵泡素较常用。具体处理方法本书不再赘述。

超排是一个极为复杂的过程，影响绵、山羊超排效果的因素也是多方面的，主要是品种、个体情况、环境条件、季节、年龄、超排处理方式等。一般来说，高繁殖力品种超排效果高于低繁殖力品种。有1胎以上正常繁殖史的2～5岁健康羊，既不过肥，也不过瘦，秋季天气较凉爽时超排效果最好。

5. 受体羊同期发情处理 受体羊与供体羊同时放置阴道栓，受体羊较供体羊提前半天撤栓，撤栓前半天肌内注射孕马血清。撤栓后开始试情、记录。

6. 供体羊采卵 采卵一般在供体羊配种后3～8天进行(开始发情当日为0天)。输卵管采卵，较适宜的时间是在发情后2.5天左右，此时受精卵处于2～8细胞阶段。子宫采卵的时间以发情后6～7天为宜，这时受精卵大都在子宫角内，处于桑葚期或囊胚期。

7. 胚胎鉴定 将收集在平面或凹面玻璃蒸发皿的回收液尽快置于实体显微镜下，仔细观察，用吸卵管将胚胎(受精卵)移入盛有新鲜保卵液的六孔检卵杯中，待全部胚胎检出后，进行净化处理，即将检出的胚胎移入新鲜的保卵液中洗涤2～3次，以除去附着于胚胎上的污染物。然后对其进行质量鉴定，选出可用胚胎，贮存在新鲜的保卵液中直到移植。

8. 胚胎移植 胚胎移植时要用无菌包装或经过消毒的打孔针和移卵管，按保存液→空气→胚胎→空气→保存液的程序装入移卵管。移卵管插入子宫角后应轻轻拉动一下，确认插入管腔内再推入胚胎。胚胎移植时还应注意，如果受体羊有一侧卵巢上有黄体，胚胎应当移到黄体同侧的子宫角中。如果移植到黄体对侧子宫角，胚胎死亡率增高；在双侧卵巢都有黄体并欲移植2枚或2枚以上胚胎时，应将胚胎分别移植于左右两侧；当一侧有1个大黄体或有2个以上功能性黄体时，也可在该侧移植2个有效胚胎。

第三章　改善饲养环境与羊群健康管理

一、肉羊饲养环境与健康管理方面存在的问题

（一）圈舍选址不合理

有的羊场或羊舍位于低洼潮湿、排水不良、通风不畅的地方，对羊的健康和生产性能的发挥产生不利影响；有些羊场周围缺乏草料基地或草料来源不足，增加了饲养成本，影响了羊场的稳定生产；有的羊场建在疫区或环境严重污染的地方，导致羊群疫病暴发、蔓延，甚至造成羊大批死亡，损害了肉羊的养殖效益。

（二）圈舍建造不合理

有的肉羊圈舍及运动场面积偏小，羊群拥挤，空气污浊，导致传染病的发生和传播，母羊因挤撞而发生流产等现象也时有发生。为了便于清扫，有的羊场将羊舍地面建成水泥地面。由于水泥地面圈舍保温性能差，冬季舍内温度低，水泥地面异常冰冷，羔羊卧在上面，极易发生痢疾等胃肠道疾病。羊的饲槽本来要求有一定高度、宽度和长度，截面应呈“U”字形，但有的饲槽建成“V”字形或倒梯形，饲槽底部容易形成死角，存积于其中的饲料不能被羊采食，不仅造成饲料浪费，而且这些饲料在炎热的夏季易腐败变质，使病原体得以孳生和

传播。

（三）圈舍过分简陋

一些边远农村，养羊圈舍简陋不堪，夏不遮阳，春不挡风，秋不离泥，冬不御寒；或空间狭小，拥挤不堪，遍地粪尿；圈内无净地，圈外无运动场；圈舍长期不消毒，使许多病原体对羊舍造成长期污染，如此等等并不少见。有些地方或农户，用石棉瓦搭建的简陋羊舍，使羊饱受热应激与冷刺激之苦，生产性能自然得不到应有的发挥。

肉羊圈舍内的适宜温度为21℃～25℃。当环境温度达到30℃，相对湿度从30%上升到90%时，羊的日增重下降19%；当环境温度达35℃，相对湿度从20%上升到80%时，日增重下降32%，单位增重饲料消耗量增加27%。由此可见，高温、高湿环境对羊的健康是十分有害的。

（四）不重视预防接种

许多农、牧户对所饲养的羊既不接种疫苗，也不定期驱虫，造成羊群疫病肆虐。大家知道，“防患于未然”是每个行业对风险的必然而理性的选择。否则，就要面临各种灾害，甚至是灭顶之灾。对肉羊业来说，健全的防疫体系与配套的疫病防制技术是保证肉羊业健康发展的前提，是确保畜产品安全生产和稳定产品质量的基本保障条件。

疫病包括传染病和寄生虫病，其发生与流行是由多种因素引起的，其中传染源、传播途径和易感动物是三个基本条件。当这三个条件同时存在并相互发生联系时，就可能暴发疫病，并继续蔓延造成流行。预防疫病就是要消灭传染来源，切断传播途径，及时接种疫（菌）苗，提高羊体的免疫力。

(五)羊群免疫失败

1. 疫苗保存不当 农、牧户由于缺乏保管疫苗的常识或缺少低温保存条件,将疫苗置于常温下,或在运输过程中没有降温防晒装置,造成疫苗失效。接种这种疫苗的结果是可想而知的。虽然不同类型疫苗对保存温度要求不同,但大多数疫苗都不能在常温或高温条件下超时保存。

2. 接种疫苗不及时 有人认为自己的羊群接种过 1 次疫苗,不会发生疫病,因而不管什么疫苗,1 年只接种 1 次。事实上,不论是单价苗(可预防 1 种疫病)还是多价苗(可同时预防多种疫病),每种疫苗只能预防其相对应的疫病。如山羊痘苗只能预防山羊痘,不能预防其他疫病,对绵羊痘也无效。不同疫苗的免疫有效期并不相同,应根据每种疫苗的免疫有效期,做好下次接种准备。对预防效果较差的疫苗和初次接种的组织苗,可在接种 2 周后,再按原剂量接种 1 次,即加强接种。

3. 接种方法不当 有的人不注意阅读疫苗说明书关于接种方法和保存期的规定,将要求皮内注射的疫苗注射在肌内,或者同时接种多种疫苗,或者接种过期疫苗,造成免疫失败或诱发疫病。其原因是注射在皮内的疫苗通过被缓慢吸收,刺激机体产生抗体;如果注射在肌内,会被机体迅速吸收,造成严重应激反应,而不能产生相应的抗体。同时接种多种疫苗,也可造成严重应激反应,免疫失败。过期疫苗不仅完全丧失抗原功效,接种后不能刺激动物产生抗体,而且会因疫苗本身变质,引起局部组织化脓、坏死。

4. 随意增加疫苗用量 有的农、牧户因为羊群小,1 瓶疫苗一次用不完,为了不浪费疫苗,随意加大接种量。另一种情况是,有的农、牧户因为周边已经发生某种传染病,害怕自己的羊群被感染，加大疫苗接种量。在他们看来，疫苗接种量越大，免疫效果越好。其实，过量的疫苗可引发羊强烈的应激反应，引起免疫麻痹，甚至引发该病。

5. 忽略羊群接种前的健康状况 有些养殖户在羊群免疫接种时，不考虑羊的健康状况、生理特点和应激因素等，不管是病羊、弱羊还是新购进羊，不论是高温、转群期还是断乳、去势应激期，所有的羊同时接种疫苗，其结果可能引起羊群发病。

（六）滥用药物

1. 滥用抗生素 有的羊场和农、牧户为了防止羔羊腹泻，长期内服土霉素，却不知道乱用药物的结果是破坏了羊体内微生物群系的平衡，使敏感病原微生物产生抗药性，对羊体产生不良反应，甚至发生药物蓄积性中毒，损伤羔羊脏器，影响正常生长发育。严重时，出现死亡。

2. 随意加大药量 有的农、牧户或因担心药物质量有问题，或因羊病情未能及时控制，情急之中，盲目加大用药量，以为用药量越大，治疗效果越好，但结果却在增加用药成本，造成浪费的同时，使病原体产生抗药性，给疾病治疗带来负面影响。

3. 不按规定用药 有的农、牧户在给羊用药 1～2 天后，病羊稍有好转就停药，不能继续进行巩固性治疗，造成疾病复发。还有的农、牧户对羊疼爱有加，要求给羊用药后立即见效，当一种药物用了 1～2 天，自认为效果不理想就立即换药，甚至换了又换。这两种做法都是错误的。比如磺胺类药物首次用量应加倍，而且要按 3～5 天一个疗程用药才有效。用药时间太短或剂量不足，不仅不能控制病情，甚至多次使用后使病原体产生抗药性。

4. 不注意药物的配伍禁忌　合理的药物配伍可以起到药物间的协同作用。如果配伍不当，会对动物造成危害。如青霉素与磺胺类药物合用时，由于磺胺类药物大多数碱性较强，而青霉素在碱性环境极易被破坏而失去活性。

5. 盲目使用“洋药”和新药　有些农、牧户迷信“洋药”和刚上市的新药，以为“洋药”和新药就是好药。其实不少进口“洋药”的组成成分与国产药完全一样，只是商品名称不同而已。有些新药也只是改变了名称、换了包装的老药。还有的人只看药物价格，不顾其有效成分和内在质量，以致受骗上当，使用了假冒伪劣药品，延误了羊病防治时机，造成大的损失。因此，选择使用药物时，要先详细阅读药物使用说明书，根据说明书所介绍的功效决定是否选用。必要时，应向有资质的兽医或专家进行咨询。另外，最好到信誉度较高的药店购药，不要轻易听信销售者对新药或“洋药”的推荐。

（七）驱虫与免疫接种同时进行

有的人在给羊驱虫的同时接种疫苗，导致免疫失败。其原因之一是羊应激严重，免疫麻痹；原因之二是驱虫药影响免疫效果，如伊维菌素和阿维菌素对免疫活性系统有抑制作用，而且可持续 6 周之久。因此，注射这两种药的羊应当在间隔 1.5～2 个月后，方可接种疫苗。

二、羊舍的建筑

（一）羊舍建筑的基本要求

修建羊舍是给羊创造一个适宜的生活环境，避免不良气候的影响，便于日常生产管理，达到优质高产的目的。虽然各地的生态环境差别很大，经营管理方法不同，对羊舍的要求也不尽一样，但羊舍建筑总的要求必须注意以下几点。

第一，位置较高，排水和通风良好。羊舍地面应比舍外地面高出20～30厘米，防止雨水流入，一般以土质地面为宜。要接近放牧地和水源。若靠近居民点或办公室，羊舍要建在办公室和住房的下风方向。

第二，有足够的面积，使羊在舍内不感到拥挤，可以自由活动。羊舍面积过小，羊过于拥挤，会导致舍内潮湿，空气污浊，有碍羊的健康，给饲养管理也带来不便。面积过大，不但造成浪费，也不利于冬季保温。羊舍外有足够的运动场地，面积一般为羊舍面积的2～3倍。各类羊所需羊舍面积和运动场面积见表3-1。运动场地面向南呈斜坡，便于排水，保持场内干燥。周围用砖或其他材料建成花墙，既利于空气流通，又可降低建筑成本。运动场墙高1.5～2米，内设固定水槽，外栽树木遮阳。舍内地面最好铺设木制漏粪羊床，以保持羊的健康、卫生。

表3-1 各类羊所需羊舍与运动场面积 （米^2/只）

羊别	项目	种公羊	繁殖母羊	
			空怀与断奶后母羊	妊娠后期与哺乳母羊
绵羊	舍内面积	3～5	1.5～2	2.5～3
	运动场面积	8～10	4～5	5～6
山羊	舍内面积	3～5	1～1.5	2～2.5
	运动场面积	8～10	3～4	4～5

第三，羊舍宽度一般为10～12米。不能太窄，太窄则利用率低，易潮湿，管理不方便。羊舍高度应为2.5～3米，便于保温和积肥，过矮则不利于采光和通风。羊舍长度根据羊群大小

而定，以 30 米为适度。过短则利用率低，过长则使用寿命短。

第四，羊舍的门以宽 2.5～3 米、高 2 米为宜，太窄易因拥挤造成怀孕羊流产。羊舍前面墙设置的窗户要大，下框离地面 1.5 米左右。后窗面积不宜过大，离地面比前窗要高，呈竖长方形，便于冬季封闭。

第五，羊舍的建筑材料要就地取材，以经济耐用为原则。可采用石头、土坯、砖瓦、木头以及树枝、芦苇等作为建筑材料。有条件地区或重点羊场，应利用砖、石、水泥、木材修筑，这样坚固永久，减少维修费用。

（二）羊舍类型选择

因气候条件和饲养方式不同，各地羊舍类型各不相同。按屋顶的形式可分为单坡式、双坡式、拱形式等，根据通风情况可分为密闭式、开放式、半开放式，按平面布置可分为长方形、楼式等。

1. 长方形羊舍 这是我国北方普遍采用的一种类型。其优点是采光好，前边有运动场，建筑比较方便，实用。产羔期母羊在舍内休息，饮水、补料可在舍前运动场进行。催肥期或以舍饲为主的育肥羊，羊可在舍内或运动场活动。长方形羊舍又分单列式和双列式两种。以舍饲为主的羊舍，双列式较多。双列式羊舍又分对头式（两排固定饲槽，中间为走道）和对尾式（走道、饲槽靠两侧窗户，走道为水泥面）两种，饲槽隔栏有固定架，羊采食时，放下固定架使每只羊的采食机会相同。舍内跨度为 10～12 米，顶高 4～5 米。北方较寒冷地区的羊舍多为单列式。单列式羊舍舍内跨度一般为 8 米，顶高 4 米左右，饲槽多位于北侧，南墙设有门窗，舍外为运动场（图 3-1）。

2. 楼式羊舍 我国南方地区夏季气候炎热，多雨潮湿，多

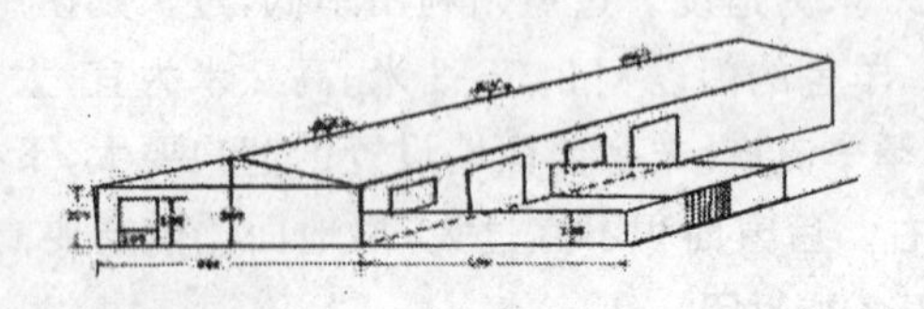

图 3-1　长方形单列式羊舍示意图

建造楼式羊舍(图 3-2,图 3-3)。这类羊舍的楼台一般距地面 1.5～2 米,舍内地面多用木条、竹片铺设,间隙 1～1.5 厘米,粪尿可从间隙漏下。羊舍的南面或南、北两面一般只有 90～100 厘米高的栅栏,顶高 2～2.5 米。舍内横梁上可搭上木棍或竹竿,用于贮备饲草,同时还可起到防风隔热作用。楼式羊舍通风良好并可防热、防湿,因此,舍内空气比较新鲜,疫病发生和传播机会少,有利于肉羊生产性能的提高。

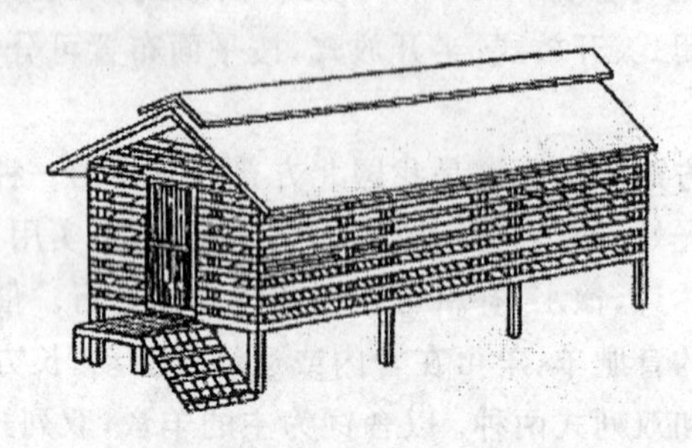

图 3-2　楼式羊舍

3. 塑料暖棚式羊舍　近年来在我国北方地区推广塑料暖棚养羊的新方法。这种羊舍以原有三面围墙的敞棚圈舍为基础,在舍前面 2.5～3 米处,建一道 1.2 米左右高的前墙,前墙与棚檐之间用木杆或木框支架,木杆间隔距离 30 ～50 厘米,木杆上面覆盖厚度为 8 ～12 微米的塑料薄膜,用木条或尼龙绳将塑料薄膜固定住,四周用泥土紧压固定,舍门以门帘遮挡。圈舍的两山墙中间离地面 1.5 米高处，各开一个 30 厘米×30 厘米可关可开的进气孔，在棚顶开 2 个装有百页的排气窗，其面积应为进气孔的 2 倍。棚舍的大小根据养羊数量而定，一般每只羊占地 1～1.2 平方米（图 3-4）。产羔季节，在暖棚内阳光充足的一侧，隔出若干个产羔栏，每栏面积 1.8～2 平方米。塑料暖棚式养羊，中午应打开门窗通风，防止温度偏高，引起羊出汗患感冒。出牧前 30 分钟应打开进气孔、排气窗和圈门，使棚内温度逐渐降至与外界气温大体平衡后再出牧。

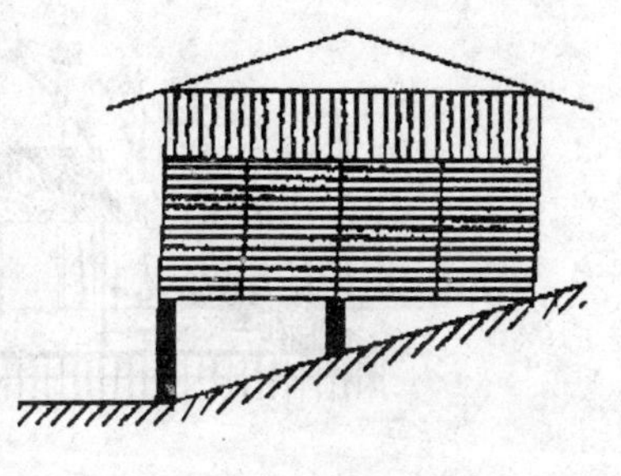

图 3-3　山区简易楼式羊舍

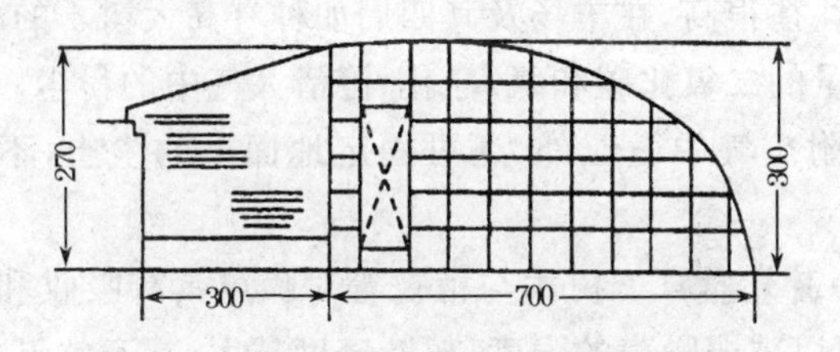

图 3-4　塑料暖棚式羊舍　（单位：厘米）

4. 棚、舍组合式羊舍　这种羊舍适于气候比较温暖地区。羊平时在棚内过夜，冬季或产羔时进入羊舍。山区的窑洞棚圈式羊舍也较经济实用（图 3-5）。

（三）羊舍周围环境的绿化

1. 羊舍周围环境绿化的意义

（1）改善区内小气候　绿化可以明显改善羊舍周围环境

图 3-5　窑洞棚圈式羊舍

的温度、湿度、气流等情况。在夏季，一部分太阳辐射热被树木稠密的树冠所吸收，而树木所吸收的辐射热量，绝大部分又用于蒸腾和光合作用，所以温度的升高并不明显。绿化可以增加空气的湿度，减缓风速。

（2）净化空气　大型羊场空气中的二氧化碳、氨和粉尘微粒含量往往很高，在羊场及其四周如种有高大树木的林带，能吸收大量的二氧化碳和氨，净化、澄清大气中的粉尘。草地除了可吸附空气中微粒外，还可固定地面上的尘土，不使其飞扬。

（3）减轻噪声　树木与植被等对噪声具有吸收和反射的作用，可以减弱噪声的强度。树叶密度越大，减音效果越显著。因此，羊舍周围应栽种树冠较大的树木。

（4）减少空气及水中细菌含量　树木可使空气中的微粒含量大大降低，因而使细菌失去附着物，减少病菌传播的机会。某些树木的花、叶能分泌一种芳香物质，可以杀死细菌、真菌等。

2. 绿化植物的选择　用作羊舍周围环境绿化的树木不仅要适应当地的水土环境，还要有抗污染、吸收有害气体等功能。常见的绿化树种有泡桐、梧桐、小叶白杨、毛白杨、钻天杨、旱柳、垂柳、槐树、红杏、臭椿、合欢、刺槐、油松、侧柏、雪松、樟树和核桃树等。

三、肉羊健康管理

(一)采取综合卫生保健措施

1. 加强饲养管理 从饲养管理的角度预防疾病,应做到以下几点。

(1)坚持自繁自养 肉羊场选养健康的良种公羊和母羊,自群繁殖,既能有控制地改进羊的品质和科学组织生产,又能防止引入新羊可能带来的病原体。

(2)科学配制日粮 日粮营养的全价性是避免营养不良和实现育肥计划的重要保证。实践证明,好的日粮取决于好的配方和优质的饲料原料;饲料原料多样化能防止某些营养物质的过量或缺乏;对饲料原料进行科学的加工调制,能有效地保证日粮营养水平和提高饲料转化率,并预防许多消化道疾病。

(3)妥善安排生产环节 各地应根据羔羊的发病时间,适当调整母羊配种时间,避免气候多变期间产羔,减少不良气候的影响。如西北地区 4 月份气候多变,母羊也因饲料青黄不接而体质下降,奶水不足,所产羔羊死亡率比较高。因此,尽量安排羊群避免在“黑色 4 月”产羔。

2. 搞好清洁卫生 污秽的环境和不清洁的饲料、饮水有利于病原体的孳生与疫病的传播。因此,保证羊所处环境和饲料、饮水的干净与卫生就是维护羊的健康。

(1)保持圈舍及圈舍用具清洁干燥 每天清扫掉圈舍内

的粪便及污物，并堆积发酵，30天左右再用作肥料。

(2)供给清洁的饲料和饮水　禁止喂给发霉饲草、饲料，不饮污水、冰冻水和低洼地碱水。冬季应饮加温水，夏季水槽应及时清洗，避免饮用过夜水。必要时，应对水源进行卫生测定。

(3)杀虫灭鼠　蚊、蝇、鼠等都是病原体的宿主和携带者，能传播多种传染病和寄生虫病。应当清除羊舍周围杂物、垃圾及乱草堆等，填平死水坑，并采取杀虫灭鼠措施。

(4)严禁乱扔垃圾　禁止在圈舍周围到处乱扔塑料袋、塑料瓶和玻璃碎片。

3. 正确处理病、死羊　当羊群发生传染病时，应采取紧急措施处理病羊，就地扑灭疫情，以防蔓延扩大。病羊予以隔离观察治疗，死羊采取焚烧或深埋处理，同时封锁疫区。

(1)病羊隔离治疗　一般把发病羊群的羊分为三类：一类是健康羊，即没有与病羊有过任何接触的羊，处理方法是接种疫苗或药物预防；二类是可疑感染羊，即与病羊有过接触，但尚未表现出症状的羊，除进行疫苗或药物预防外，应细致观察，及时治疗，观察20天以上不发病时方可与健康羊合群；三类是病羊，即出现症状的羊，要及时作出诊断，再进行药物治疗，隔离期内，应禁止人、动物、用具、粪便等出隔离区，并严格遵守消毒制度。

(2)死羊处理　病死羊尸体要严格处理，或焚烧或深埋，不得随意抛弃或食用。对没有治疗价值的病羊，也应按有关规定处理。尤其在解剖检查后，尸消毒体处理应彻底。

(二)做好消毒工作

消毒的目的是消灭环境中的病原微生物，防止疫病传播。

羊场应建立切实可行的消毒制度,定期对羊舍、用具、地面和粪便污水等进行消毒。

1. 羊舍消毒 每年春秋各一次。羊舍常用的消毒药物和消毒方法如下:①3%来苏儿溶液用于圈舍、用具、人手等消毒;②10%～15%生石灰乳用于消毒圈舍、排泄物等;③0.5%过氧乙酸溶液用于喷洒地面、墙壁和食槽等;④1%～2%的氢氧化钠溶液用于被细菌、病毒污染的圈舍、地面和用具消毒(本品有腐蚀性,消毒圈舍时应将羊赶出圈外,隔半天后用清水洗净饲槽、地面后方可让羊进圈);⑤0.5%～2%氯胺溶液用于被污染的器具和圈舍消毒。

消毒应分两步进行。先清扫,后用消毒液喷洒地面、墙壁和天花板;产房应在产羔前、中、后期进行多次消毒;病羊舍入口应有消毒池或浸有消毒液(2%～4%氢氧化钠溶液等)的麻袋片或草垫。

2. 地面消毒 主要指运动场地面消毒。可用含2.5%有效氯的漂白粉溶液、4%福尔马林或1%氢氧化钠溶液喷洒消毒。

3. 粪便污水消毒 主要采用生物热消毒法。即离羊舍100米以外把粪便堆积起来,上面覆盖10厘米厚的沙土,发酵1个月后即可。污水应引入污水处理池,加入漂白粉(或生石灰)进行消毒。消毒药用量视污水量而定,一般每升污水用2～5克漂白粉。

(三)有计划地进行免疫接种

免疫接种是通过接种疫(菌)苗、类毒素等生物制品使羊产生自动免疫的一种手段,也是预防和控制羊传染病的重要措施之一。由于生物制品种类的不同,采用皮下、皮内、肌内注射或饮水等不同的接种方法。对于绵、山羊的免疫接种，各地应当在掌握当地羊传染病的种类、发生季节、疫病流行规律的基础上，制定出相应的防疫计划，适时定期地进行免疫接种，而不是各地均照搬一套免疫接种程序。免疫接种又分预防接种和紧急接种。

1. 预防接种 预防接种是为了防止某种传染病的发生，定期而有计划地给健康羊群进行的免疫接种。

2. 紧急接种 紧急接种是为了迅速扑灭疫病的流行而对尚未发病的羊群进行的临时性免疫接种。一般用于疫区周围的受威胁区，有些产生免疫力快、安全性能好的疫苗也可用于疫区内受传染威胁而未发病的健康羊，但不能接种处于潜伏期的已感染羊。已感染羊接种疫苗后不但不能获得保护，反而发病更快。因此，在紧急接种后一段时间内，发病羊数可能增加，但大多数羊很快产生免疫力，发病数不久即可下降、停止。

3. 接种疫苗、菌苗或类毒素时注意事项

第一，灭活苗、类毒素、血清等必须保存在低温、干燥、阴暗处，温度维持在 2℃～8℃之间，防止冻结、高温和阳光直射。最好是保存在 4℃的温度条件下，避免高温和阳光照射。羊链球菌氢氧化铝苗、羊肺炎支原体氢氧化铝灭活苗和山羊传染性胸膜肺炎氢氧化铝疫苗等保存的最适温度是 2℃～4℃，温度太高会缩短保存期。如果制剂发生冻结，可破坏氢氧化铝的胶性以致失去免疫特性。弱毒苗（如山羊痘细胞化弱毒苗）最好在－15℃或更低的温度条件下保存，才能保持其效力。各种超过保存期限的制品不得使用。

第二，疫苗等在使用前要逐瓶检查。凡瓶体有破损、瓶塞松动、没有瓶签或瓶签不清、过期失效、制品的色泽和形状与说明书内容不符或没有按规定方法保存的都不能使用。

第三，接种前必须检查羊只的健康状况。凡身体瘦弱羊、体温升高羊、妊娠或分娩不久的母羊、患病羊或有传染病流行时，一般都不宜进行接种。

第四，接种时，注射器械和针头必须经过严格消毒。吸取疫（菌）苗的针头，要做到1只羊1个针头，以避免将带菌（毒）羊的病原体传给健康羊。疫（菌）苗的用法和用量以说明书为准，用前充分摇匀，开封后当天用完。

第五，接种弱毒活菌苗前后1周，羊群应停止使用对菌苗敏感的抗菌药物。各种疫（菌）苗接种前后，应加强羊群的饲养管理，注意青绿饲料的供给，以缓解应激反应。

第六，接种用具，包括疫（菌）苗稀释过程中使用的非金属器皿，在使用前必须经过清洗、消毒。当接种结束后，应及时将所用器皿及剩余的疫苗经煮沸消毒，然后清洗，以防散毒。

第七，注意观察免疫接种后羊的表现。羊在免疫接种后，可能出现短时间的体温和食欲变化，但如果出现体温明显升高、食欲不振、精神季靡或表现出某种传染病的症状时，必须立即隔离治疗。

4. 肉羊常用疫苗及其使用方法 详见表3-2。

表3-2 肉羊常用疫苗及其使用方法

疫苗名称	预防的疫病	接种方法和说明	免疫期
无毒炭疽芽孢苗	炭疽	绵羊皮下注射0.5毫升。14天后产生免疫力，山羊忌用	1年
Ⅱ号炭疽菌苗		绵羊、山羊不论大小一律皮下注射1毫升。14天后产生免疫力	绵羊1年 山羊6个月

续表 3-2

疫苗名称	预防的疫病	接种方法和说明	免疫期
布鲁氏菌病猪型2号弱毒菌苗	布鲁氏菌病	山羊、绵羊臀部肌内注射1毫升。阳性羊、3月龄以下的羔羊和孕羊均不能接种。饮水免疫时,用量按每只羊服200亿菌体计算,2天内分2次饮服	绵羊1.5年,山羊1年
布鲁氏菌病羊型5号菌苗		羊群室内气雾免疫,室内用量为50亿菌/米^3,喷雾后停留30分钟	1年
羊链球菌氢氧化铝苗	羊链球菌病	山羊、绵羊不论年龄大小,一律皮下注射5毫升	6个月
羊链球菌弱毒菌苗		成年绵羊尾根部皮下注射1毫升(50万～100万活菌),6月龄至2.5岁减半	6个月
羔羊大肠杆菌灭活苗	羔羊大肠杆菌病	皮下注射,3月龄至1岁羊2毫升,3月龄以下0.5～1毫升。14天后产生免疫力	5个月
羔羊痢疾菌苗	羔羊痢疾	孕羊分娩前20～30天皮下注射3毫升,10～20天后再注射3毫升。第二次注射后10天产生免疫力	5个月
羊快疫、猝殂、肠毒血症三联苗	羊快疫、猝殂和肠毒血症	羊不论年龄大小,一律肌内注射5毫升。14天后产生免疫力,此时,再加强注射1次	6个月
羊厌氧菌氢氧化铝甲醛五联苗	羊快疫、羔羊痢疾、猝殂、肠毒血症和黑疫	羊不论年龄大小,一律皮下或肌内注射5毫升。14天后可产生免疫力	1年

续表 3-2

疫苗名称	预防的疫病	接种方法和说明	免疫期
山羊传染性胸膜肺炎氢氧化铝疫苗	丝状支原体引起的山羊传染性胸膜肺炎	6月龄以下山羊皮下注射3毫升，6月龄以上注射5毫升。14天后产生免疫力，仅限于疫区使用	1年
羊肺炎支原体氢氧化铝灭活苗	由绵羊肺炎支原体引起的传染性胸膜肺炎	成年绵羊颈部皮下注射3毫升。6月龄以下2毫升	1.5年以上
绵羊痘鸡胚化弱毒苗	绵羊痘	用生理盐水稀释后，不论羊龄大小，一律皮下注射0.5毫升。6天后产生免疫力	1年
山羊痘细胞化弱毒苗	山羊痘，也可预防绵羊痘	各年龄山羊尾内侧皮内注射0.5毫升，也可用于紧急预防接种	1年
羊衣原体油乳剂灭活苗	衣原体流产病	山、绵羊皮下注射3毫升	7个月
A,O型鼠化弱毒疫苗	口蹄疫	4～12月龄绵、山羊肌内或皮下注射0.5毫升，12月龄以上羊注射1毫升	4～6个月
破伤风明矾类毒素	破伤风	绵、山羊颈部皮下注射0.5毫升。30天后产生免疫力。受伤羊可再注射1次（剂量相同）	1年

（四）定期驱虫

用药物给羊群进行预防性驱虫，能有效地预防寄生虫病。

肉羊在进入正式育肥之前驱虫，能提高育肥效果。驱虫通常在春、秋两季分别进行。由于驱虫药物对精液和胎儿具有一定杀伤力，因此，秋季驱虫应在繁殖季节开始前完成。公羊配种期和母羊妊娠期禁止内服或注射驱虫药，对体表局部感染的外寄生虫可采取小面积涂擦药物的办法予以防治。

1. 驱除内寄生虫 常用的驱虫药物有四咪唑、丙硫咪唑等。丙硫咪唑又称抗蠕敏，具有高效、低毒、广谱的优点，对羊常见的胃肠道线虫、肺线虫、肝片吸虫和绦虫均有效，可同时驱除混合感染的多种寄生虫，是较理想的驱虫药物。口服剂量为每千克体重 15～20 毫克。使用驱虫药时，注意剂量应准确，最好是先做小群驱虫试验，取得经验后再进行全群驱虫。

2. 驱除外寄生虫 羊体局部出现疥癣等皮肤病时，可采用局部涂抹法治疗；当羊体普遍发生疥癣病或用于预防疥螨病时，可采用药浴法。药浴也是预防羊螨病及其他体表寄生虫的主要方法。羊药浴可用0.5%～1%敌百虫溶液或 0.05%蝇毒磷(3 月龄以下动物不得使用)溶液等。药浴必须在夏天或天气暖和季节进行，每年 2 次。药浴时必须让药液淹没羊体，临近药浴池出口时应将羊头按入药浴液内 1～2 次，以防头部发生螨病。对新购回的羊，应选择晴朗的天气统一进行药浴，以防带进寄生虫原。药浴法主要有池浴、大锅或大缸浴、喷淋浴等，具体选择哪种方法，应根据羊的数量、被毛厚度和场内设施条件而定。每次药浴 1～2 分钟即可。为提高药浴效果，应注意隔 7～8 天再药浴 1 次。每次药浴的残液要泼洒到羊舍内。

3. 药浴时应注意的事项

第一，妊娠母羊不宜药浴。

第二，药浴前 8 小时停止放牧或饲喂，药浴后 6～8 小时方可喂料或放牧。

第三,入浴前2～3小时让羊饮足水,以免入池后误饮药液。

第四,先让健康羊药浴,后让患病羊药浴。

(五)严格执行检疫制度

应用各种诊断方法对羊群进行疫病检查,并根据检查结果采取相应措施,以杜绝疫病发生。这对于净化羊群、防止疫病扩散具有重要意义。检疫可分平时生产性检疫和产销地检疫。

1. 生产性检疫 根据当地羊的疫病流行情况和国家有关规定,把当地危害较大的传染病作为检疫内容。每年春、秋季定期检疫。把检出患布鲁氏菌病、结核病等病羊淘汰、捕杀或按有关防疫规定处理。

2. 产销地检疫 购羊时,首先要了解产地羊的传染病流行情况。不论出于何种购羊目的,必须从非疫区购入,并经当地兽医检疫部门检疫、签发检疫合格证明书;羊入场前应隔离观察15～30天,确认为健康羊后,再经驱虫、消毒和补种疫苗,方可混入原有羊群。此外,还应防止饲料、用具及羊产品等带入疫病,重点是传染病和寄生虫病。本场向外售羊,也应按规定检疫并开具检疫合格证明书。

(六)防止采食异物

羊常常会误食化纤、塑料制品(如尼龙绳、尼龙袜、塑料薄膜等)引起前胃弛缓病。轻者生长发育缓慢、消瘦,重者死亡。对这类病,应及时采取手术治疗,药物治疗一般无效。在日常饲养管理过程中,应尽量避免羊误食这类异物,如捡净饲料中的塑料薄膜，安全放置化纤、塑料制品，尤其是不要随地乱扔塑料袋。

（七）正确识别病羊

由于羊对疾病的抵抗力较强，一般情况下表现出的症状不太明显，饲养人员应经常仔细观察羊的表现，及时发现患病羊。

1. 行为姿势 健康羊通常自由自在地活动，如静静地站着或卧着，步行活泼而稳健，对轻微的刺激有警觉性等。患病羊则表现为离群呆立或掉队缓行，跛行或做圆圈运动，四肢僵直或行动不便，或缓慢。

2. 食欲和体况 食欲正常的羊趋槽、摇尾、采食行动敏捷，反刍正常；病羊表现欲吃而止、忽多忽少、喜舐泥土或吃草根、反刍减少或停止等。一般急性病，如急性瘤胃臌气病等，病羊体况仍然肥壮。而一般慢性病，如营养缺乏病和寄生虫病等，病羊多逐渐消瘦。

3. 被毛皮肤 健康羊被毛平整，不易脱落，有光泽和油性；皮肤柔软并有弹性。病羊则被毛粗乱蓬松，无光泽，易脱落。皮下可能有水肿或肿胀，患螨病时，皮肤变得十分粗硬。

4. 眼睛 健康羊眼睛明亮，眼角干净，翻开下眼睑所看到的眼结膜呈粉红色；病羊可能流泪或羞明，眼角有眼屎，眼结膜多呈苍白色（贫血症）或黄色（黄疸病）或蓝色（多为肺、心脏患病）等。

5. 粪尿 健康羊粪便呈小球形，硬而不干，没有难闻怪味，不含大量未消化的饲料；尿液清澈，不带血、粘液或脓汁等；羊排粪、排尿均不费力。在患病时，羊粪可能有特殊臭味（见于各型肠炎），表现为过于干燥（缺水和肠弛缓）、过于稀薄

(肠蠕动亢进)或带有大量粘液(肠卡他性炎症)或混有完整谷粒(消化不良)、纤维素膜(纤维素肠炎)或呈黑褐色(前部肠管出血)、鲜红色(后部肠管出血)等;排尿次数和尿量过多或过少,排尿痛苦、失禁等。

6. 呼吸 正常时,绵羊每分钟呼吸 12～18 次,其中羔羊和成年羊分别为 12～15 次/分和 15～18 次/分,山羊每分钟呼吸 12～20 次;病羊呼吸次数或增多(见于热性病、心脏衰弱及贫血等病)或减少(见于某些中毒、代谢障碍等病)。当然,在正常运动或受惊吓刺激后,或在环境温度过高或通风不良等情况下,羊也会表现为呼吸次数增加。

(八)做好肉羊的日常保健工作

肉羊的日常保健包括运动、修蹄、刷拭等。

1. 驱赶运动 适当的运动可以促进肉羊的新陈代谢,增进体质,提高抗病力,增进食欲,促进消化和吸收。哺乳期羔羊加强运动,可使其多吃奶,消化吸收好,还可以增进机体的代谢水平,增强健康,防止腹泻,有利于提高羔羊的成活率和生长发育。青年羊加强运动,有助于骨骼的发育。运动充足的青年羊,胸部开阔,心肺发育好,消化器官发达,体格高大。母羊妊娠前期加强运动,可以促进胎儿的生长发育。妊娠后期坚持运动,可以预防难产。产后适当运动,可以促进子宫提前复位。肉羊适当运动,可以增强心脏功能,减少心脏病发生。种公羊适当运动,则性欲旺盛,受胎率提高。无放牧条件的羊群可进行驱赶运动,每天运动 2～4 小时。羔羊最好在高低不平的土丘上运动。但羊的运动量并不是越大越好。运动量过大,体能消耗严重,不利于生长增膘,剧烈运动可致羊死亡。严寒、大风沙和炎热的天气要减少运动量或停止驱赶运动和放牧。

2. 修蹄　蹄是皮肤的衍生物，不断生长，所以需要经常修剪。长期不修剪，不仅影响行走，而且会引起蹄病，使蹄尖上卷、蹄壁裂开、四肢变形，甚至给采食带来极大不便。严重时，公羊不能配种，失去其种用价值；母羊妊娠后期行动困难，常呈躺卧姿势，影响采食，也影响腹内胎儿的正常发育。修蹄最好在雨后进行，这时蹄质变软，容易修理。修蹄时，需要将羊保定好，用修蹄刀切削，当看到微血管时立即停止。一旦出血，可用烧烙法止血。修好的蹄，底部应平整，形状方圆，站立端正。变形蹄，需经过几次修理才能矫正，不可操之过急。舍饲羊每2～3个月就要修蹄1次。

3. 刷拭　经常刷拭可使羊体清洁，促进新陈代谢和皮肤健康，有利于人、畜亲近，便于管理。刷拭可用鬃刷或草根刷，从上到下，从左到右，从前到后，按照毛丛方向有顺序地进行。尤其是种公羊，经常刷拭可使其被毛清洁，威风凛凛。

四、病羊的治疗技术

（一）器械消毒方法

1. 蒸煮消毒　蒸煮消毒是简单易行的消毒方法，适用于各种注射器械、外科器械、缝合丝线、纱布等的消毒。消毒前将要消毒的器械和物品（耐煮沸的物品）洗净，分类包好，并做标记，放在蒸煮消毒锅或其他容器内加水蒸或煮沸，水沸后保持20～30分钟。消毒好的器械使用前应按类别有次序地放在预先灭过菌的有盖盘（或盒）内。但蒸与煮是不同的两种灭菌方法。由于蒸汽的穿透性好，消毒效果较好，生产中常选择此法消毒。在缺乏蒸汽消毒的条件下，也可采用煮沸消毒法，但用常水煮沸易使器械表面形成水垢，因此，煮沸消毒最好用蒸馏水。

2. 高压灭菌 此法适用于手术器械、注射器、手术衣帽等。将器械和用品包装后，装入高压灭菌器，待水沸腾、压力表开始上升时，排出空气，然后再关掉排气阀，使蒸汽压力达102.9千帕，此时温度为121.3℃，维持20～30分钟，即可达到灭菌的目的。

3. 药物消毒 一般将器械浸泡在0.1%新洁尔灭溶液中，20分钟即可。

（二）给药方法

1. 药物注射

（1）注射方法

①静脉注射法 将药液直接注射到颈静脉内，适用于需迅速发生药效或药液不适于肌内、皮下注射时用。

第一，做好准备工作。配好药液，将针管内空气排除。

第二，在病畜左边颈静脉注射，用左手在注射点下面约10厘米处，以拇指紧压在颈静脉沟上，其余四指在右侧相应部位抵住，使静脉膨起。右手拇、食、中三指拿着针头，与静脉呈30°～45°角，对准刺入。

第三，针头如刺进血管，则可见血液回流，此时打开输液管，让药液缓缓流进。

第四，静脉注射的药液（特别是氯化钙、高渗盐水等有强烈刺激性的药液）切勿漏于血管外，以免造成局部组织发炎和坏死。如发生折针事故，当即用镊子夹出断头，必要时进行手术切开，取出断头。

②肌内注射法 将药液注入到肌肉组织中。常用于注射

疫(菌)苗、青霉素和链霉素等抗生素类药物、各种油佐剂注射液等。通常选择肌肉发达的部位注射,如颈侧、臀部。注射时,左手固定注射部位,右手拿注射器,针头垂直刺入肌肉内,左手固定注射器,右手将针芯回抽一下,如无回血,可将药液慢慢注入。若发现有回血,应变更位置。如动物不安或皮厚不易刺入,可将注射针头取下,右手拇指、食指和中指紧持针尾,对准注射部位迅速刺入肌肉,然后按下注射器,注入药液。在注射时要将针头留 1/3 在皮肤外面,以防折断或不易拔出。

③*皮下注射法*　本法是将药液注入到皮下疏松结缔组织中。注射的药液吸收速度较皮内法快,注入量亦大,既可用于治疗,也可用于疫(菌)苗或无刺激性的药物注射。希望药物能较快吸收时,可用皮下注射法。羊一般在颈侧下部或肩胛骨的后方皮下注射。注射时,左手拇指与食指捏取皮肤,使其形成皱褶,右手持注射针管在皱褶底部稍斜快速刺入皮肤与肌肉间,缓缓推药。注射完毕,将针拔出,立即用药棉揉搓注射部位,使药液散开。但如果皮下有水肿,不可采用此种注射方法。

④*皮内注射法*　本法是将药液注入到皮肤的真皮组织内。由于可注入的量少,一般只能注入 0.3～0.5 毫升,而且吸收缓慢,故不适于临床治疗用,而主要用于皮肤变态反应试验(如结核菌素试验等)和诊断,或用于某些疫(菌)苗的免疫接种。用这种注射方法,能获得最大的免疫效果。注射时,用左手手指捏起皮肤或皱褶,右手持针从皱褶顶部与之成20°～30°角向下刺入皮肤内,缓慢地推入药液,也可用左手的拇指与食指捏起皮肤成皱褶进针。当药液准确地注入皮内组织时,因组织比较硬,推注时有抵触的感觉,注射的局部还会形成一坚实隆起的小包。拔出针头后,只需用酒精棉球轻轻拭去少量漏液即可,不要用力按摩。

⑤*瓣胃注射法* 将药液直接注入瓣胃中。例如瓣胃阻塞要用此法治疗。注射方法是:准备25%硫酸镁溶液30～40毫升,石蜡油100毫升,用12号7厘米长针头在处于站立保定羊的右侧第九肋间隙和肩关节交界线下方2厘米处向对侧肩关节方向刺入4厘米(刺瓣胃时常有沙沙感。为了证实是否刺入瓣胃,接上注射器注入少量(20～50毫升)生理盐水,来回抽动针芯,如见混有草屑之类的胃内容物抽回,即为刺入正确,可注入药液。注射完毕,局部消毒。如果抽吸时见有血液或胆汁,应立即拔出针头,重新刺入,再将上述准备好的药液交替注入。

⑥*瘤胃穿刺法* 常用于急性瘤胃臌胀的紧急排气治疗。穿刺方法:将羊站立保定,于左肷部突起处剪毛,5%碘酊消毒。在臌胀最明显处做皮肤切口,将套管针头置于皮肤切口内,向右侧头的方向迅速刺入10～12厘米,固定套管,抽出针芯,用手指堵住管口,不断缓慢放气。若套管堵塞,可插入针芯疏通。气体排出后,为防止复发,可经套管向瘤胃内注入防腐消毒药。对皮肤切口做一针结节缝合,局部涂以碘酊。

(2)注意事项

①*局部皮肤要消毒* 剪毛后,先用3%碘酒棉球擦拭,随后用75%酒精棉球拭去碘质,再进行注射。注射后,应用酒精棉拭去可能渗出的注射液,以防止感染。

②*针头要消毒* 注射针头必须严格消毒,要坚持打一针换一个针头。常用蒸汽消毒法或煮沸消毒法,煮沸清毒最好用蒸馏水,否则针头易附着水垢。

③*先看后用* 用药前要仔细察看药名、剂量、药液是否浑浊与过期,确定可用后再抽取药液。

④*注射操作要规范* 抽完药液后,要将针筒内的空气排

尽,同时察看针头是否通畅、锐利。注射的药液量要准确。

⑤注射后要消毒　药物注射完毕,用碘酒棉球或酒精棉球紧压针刺处止血、消毒。

2. 药物灌服

(1)长颈瓶给药法　当给羊灌服稀药液时,可将药液倒入细口长颈的玻璃瓶、塑料瓶或一般的酒瓶中。抬高羊的嘴部,给药者右手拿药瓶,左手用食、中指自羊右口角伸入口内,轻轻压迫舌头,羊口即张开。然后右手将药瓶口从左口角伸入羊口中,并将左手抽出,待瓶口伸到舌头中段并与舌头呈 40°～45°斜角时,即可将药物送入。药物送入速度以羊能够顺利吞咽为宜,如果羊出现咳嗽、打呛,应暂停灌服,检查并纠正灌服方法。羔羊可用 30 毫升注射器(不带针头)吸取水剂药物直接注入口腔。

(2)药板给药法　专用于给羊服用舔剂。舔剂不流动,在口腔中不会向咽部滑动,因而不致发生误咽。给药的药板用竹制或木制,长约 30 厘米、宽约 3 厘米、厚约 3 毫米,表面光滑,没有棱角。给药者站在羊的右侧,左手将开口器放入羊口中,右手持药板,用药板前部刮取药物,从右口角伸入口内到达舌根部,将药板翻转,轻轻按压,并向后抽出,把药抹在舌根部,待羊下咽后,再抹第二次,如此反复进行,直到把药给完。

(3)胃管给药法　羊插入胃管的方法有两种,一是经鼻腔插入,二是经口腔插入。

①经鼻腔插入法　先将胃管插入鼻孔,沿下鼻道慢慢送入,到达咽部时,有阻挡感觉,待羊出现吞咽动作时乘机送入食管;如羊不吞咽,可轻轻来回抽动胃管,诱发吞咽。胃管通过咽部后,如进入食管,继续深送会感到稍有阻力,这时要向胃管内用力吹气,或用橡皮球打气,如见左侧颈沟有起伏,表示

胃管已进入食管。如胃管误入气管，多数羊会表现不安、咳嗽，继续深送，感觉毫无阻力，向胃管内吹气，左侧颈沟看不见波动，用手在左侧颈沟胸腔入口处摸不到胃管，同时，胃管末端有与呼吸一致的气流出现。

②经口腔插入法　先装好木质开口器，用绳固定在羊头部，胃管通过木质开口器的中间孔，沿上腭直插入咽部，借羊的吞咽动作可顺利进入食管，继续深送，胃管即可到达胃内。胃管插入正确后，即可接上漏斗灌药。药液灌完后，再灌少量清水，然后取掉漏斗，用嘴对胃管吹气，或用橡皮球打气，使胃管内残留的液体完全入胃，用拇指堵住胃管管口，或折叠胃管，慢慢抽出。该法适用于灌服大量水剂及有刺激性的药液。患咽炎、咽喉炎和咳嗽严重的病羊，不可用胃管灌药。

(4)灌肠法　灌肠法是将药物配成液体，直接灌入直肠内。药液的温度应与体温一致。羊可用小橡皮管灌。先将直肠内的粪便清除，然后在橡皮管前端涂上凡士林插入直肠内，把连接橡皮管的盛药容器提高到羊的背部以上。灌肠完毕后，拔出橡皮管，用手压住肛门或拍打尾根部。

(三)止血方法

1. 压迫止血法　用纱布压迫出血的血管，达到止血的目的。在手术过程中，经常使用纱布施行止血。在对创伤急救时，可用压迫绷带止血。即将灭菌纱布紧密填充于创伤部，盖上棉花，紧扎绷带。鼻出血可用纱布填塞患侧，压迫止血，但不超过48小时。

2. 止血带止血法　适用于四肢大血管出血，常用橡皮管，也可用绷带等来代替。扎止血带处先垫以纱布等物，避免止血带直接接触皮肤。止血带要扎得松紧适当，以能止血为宜。过紧会损伤神经和其他组织,过松不能止血。使用止血带的时间一般不得超过2小时,因为长时间压迫,可引起组织坏死。

3. 止血钳止血法 用止血钳夹住出血血管的断端,加以压迫捻转。适用于小血管出血。

4. 结扎血管止血法 是最常用的止血方法。一般在手术、创口上的出血点,先用止血钳夹住,再用丝线结扎。结扎时注意不要使丝线头滑脱,剪线时要在打结处留下适当长的线端,线端过短则线结容易松开。

5. 烧烙止血法 烧烙的作用在于使血管断端收缩封闭,停止出血。烧烙是可靠的止血方法之一,适用于弥漫性的小血管和静脉丛较多的粘膜出血。但烙铁要以烧得红热为宜,如果烧得不够热,不能使血管断端充分收缩,达不到止血的目的;烧得过热,亦不适宜。烧烙止血法的缺点是损伤组织较多。

6. 化学止血法 可分局部和全身两种。局部止血剂常用的有0.1%肾上腺素溶液和仙鹤草素注射液。对急性大出血,必须制止出血和缓解循环衰竭。可静脉注射10%枸橼酸钠20～30毫升或10%氯化钙溶液30～50毫升。为解除循环衰竭,应立即静脉注射5%葡萄糖盐水500～1 000毫升或输血300～500毫升,同时内服利尿素1～2克。

(四)输 血

输血是一种重要的治疗方法,不但对于急性失血有良好的治疗作用,而且对休克、恶性贫血、中毒和某些传染病也有良好的治疗效果。供血与受血者的血型是否适合,是输血必须考虑的因素之一。如果供血者与受血者的血型不合,就会产生红细胞凝集反应。输血时,通常只需确定供血的红细胞是否会被受血者的血清凝集。因为如果发生这种反应，红细胞凝集后形成的小团会阻塞小血管，产生严重后果。至于供血者的血清对受血者的红细胞是否产生凝集作用，一般可以不考虑，因为输入的血液比受血者的血液少得多，供血输入后，很快被稀释，抗体浓度极低，不能引起受血者的红细胞凝集。

危重病羊也可输全血，可任选供血羊。但如果用同一头羊的血液重复输血，容易引起受血羊休克。最好先输 200 毫升，观察 10～20 分钟后，再考虑是否进行第二次输血（用第二只羊）。多次输血的时间间隔十分重要，间隔 5 天内的重复输血一般不会发生休克。超过 5 天再输血，受血羊就会产生大量同种免疫抗体，休克的危险性随之上升。如果可能，最好给病羊输入其母亲的血液。输血时，取 2.5％枸橼酸钠 50 毫升与全血 450 毫升混合后一次静脉注射。

第四章　肉羊的常用饲料及其加工调制

一、肉羊饲料选择与利用的误区

（一）饲料原料搭配不合理

许多农、牧户把麸皮当作肉羊的惟一精饲料原料。诚然，麸皮不但是一种重要的饲料原料，而且是一种保健饲料。如麸皮中的低聚糖具有表面活性，可吸附肠道中有毒物质及病原体，提高机体抗病能力。麸皮中粗纤维和磷的有机化合物含量高，具有轻泻性，所以母羊产羔后，在饮水中加入麸皮和少量食盐，有助于恶露排除，通便利肠。但过量饲喂可引起腹泻。麸皮能量含量较低，钙、磷比例严重失调，而且质地蓬松，吸水性强，长期大量干喂，饮水不足，易导致羊便秘。因此，麸皮不宜长期单独喂羊，必须与玉米等饲料原料配合使用。另外，用作羊饲料的麸皮最好经膨化处理，这样，可将其中的蛋白质利用率从 30%提高到 99%。

在调制配合饲料时，有的人只参阅饲料营养成分含量，不考虑营养成分的可利用性，不注意其中是否含有有害物质，不注意各种饲料原料的成分间是否存在拮抗作用。事实上，饲料原料的利用率受畜种、家畜的生理状态、饲喂量、各种饲料原料的配伍及其本身的结构（原粮或粉状）等诸多因素的影响。如肉羊配合饲料中使用 5%～6%的菜籽饼，可以发挥其蛋白质饲料原料的功能，但大量使用就可能导致营养利用率下降或出现中毒现象。

(二)将发霉的粮食用作饲料

发生这种现象,主要是由于养殖者不知道饲料霉菌毒素的危害性。事实上,霉变饲料适口性差,饲用价值低,而且霉味越大,颜色变化越明显,营养损失就越多。饲喂霉变饲料的羊首先出现采食量下降,随之而来的便是饲料转化不良和生产性能降低。严重霉变的饲料可引起羊急性、慢性或蓄积性中毒,也可引起肺炎、肝癌甚至死亡。因此,应禁止饲喂严重霉变饲料并注意防止饲料发生霉变。饲料贮存应以原粮形式为主,尽量缩短粉料贮存时间。粉料在北方地区冬季干燥的环境里可保存 10～20 天,在南方及北方的夏、秋季节以不超过 1 周为宜。贮存饲料的仓库应建于高燥处,并在彻底干燥后再用于贮存饲料,贮存时予以密封,防止真菌大量繁殖。

二、肉羊常用饲料

根据饲草饲料的营养特点,可将肉羊的常用饲料分为粗饲料、青绿饲料、青贮饲料、能量饲料、蛋白质饲料、矿物质补充饲料、维生素补充饲料和添加剂等八大类。

(一)粗 饲 料

凡饲料干物质中含 18%以上的粗纤维及净能含量较低的饲料均属此类。这类饲料来源广,种类多,主要包括青干草、作物秸秆和树叶类。

1. 青干草 青干草是由栽培的牧草或野生青草刈割后经自然干燥或人工干燥后制得。按植物种类又可分为豆科青干草和禾本科干草。

（1）豆科青干草　如苜蓿、沙打旺、草木犀、红豆草、毛苕子、岩黄芪等。豆科青干草的粗蛋白质含量为12%～18%，并且含有丰富的钙、磷、脂肪、胡萝卜素、维生素K、维生素E和B族维生素等。可以代替部分精料或补充精料的蛋白质不足。

（2）禾本科干草　禾本科青干草来源广、数量大、适口性好、易干燥、不落叶，如大麦、燕麦、黑麦等谷类作物和马唐、野燕麦等野草类。禾本科青干草粗纤维多，粗蛋白质（8%～12%）和维生素含量均低于豆科青干草。因此，喂羊时最好与豆科青干草搭配使用或适当增加精料喂量。

2. 秸秆和秕壳类　这类饲料主要指农作物收获子实后的茎秆、叶片及皮壳等，如玉米秸秆、麦秸、稻草、谷草、豆秸、豆荚、花生蔓等。由于农作物通常是在成熟后收割，大多数秸秆的蛋白质含量低，粗纤维含量高，而且质地粗硬，木质化程度高，消化率低（表4-1）。通常情况下，单独饲喂秸秆难以满足肉羊对能量和蛋白质的需要。而且，不同作物秸秆的可食性差异很大，因此，生产中应予以选择并与其他饲料原料配合饲喂。

表4-1　主要作物秸秆养营成分及瘤胃干物质降解率　（%）

营养成分	稻　秆	麦　秸	玉米秸	花生蔓
干物质（DM）	90.6	90.3	96.1	88.0
粗蛋白质（CP）	4.7	4.4	9.3	11.2
中性洗涤纤维（NDF）	67.2	69.1	71.2	36.6
酸性洗涤纤维（ADF）	46.3	54.9	38.2	27.9
细胞内容物（NDS）	32.8	30.9	28.8	63.4
酸性洗涤木质素（ADL）	5.2	7.9	4.6	8.0

续表 4-1

营养成分	稻 秆	麦 秸	玉米秸	花生蔓
纤维素(CEL)	33.8	43.2	32.9	19.0
半纤维素(HC)	20.9	14.2	32.5	8.7
干物质瘤胃降解率(D 毫升)	42.2	51.0	46.9	77.2

资料来源:邢廷铣(1995)

3. 树叶类 树叶被看作是空中绿色饲料工厂生产的产品。许多树叶都可饲用,而且营养丰富,有些经加工调制后,成为家畜较好的蛋白质和维生素饲料源。可用作饲料的树叶有槐树叶、桑树叶、香椿叶和松针等。

不同季节采集的树叶的营养成分差异很大。桑树叶春、夏、秋季皆可采集。紫穗槐和洋槐叶,北方地区一般在 7 月底至 8 月初采集,最迟不要超过 9 月上旬。松针要在松脂含量较低的春季或秋季采集。对一般树种来说,春季采集的嫩鲜叶的适口性好,营养价值高,夏季的青叶次之,秋季的落叶最差。以槐树叶为例,春季的粗蛋白质含量为 27.7%,而秋季的只有 19.3%。

(二)青绿饲料

一切天然牧草、人工牧草或各种绿色植物(包括多汁饲料和水生饲料)等均属此类。青绿饲料水分含量高(一般为 60%~80%),适口性好,消化率高,营养较全面。以干物质计,粗蛋白质含量一般为 10%~20%,必需氨基酸较全面,因此,蛋白质品质较好。维生素含量较丰富,特别是胡萝卜素,每千克中含 50~80 毫克,高于其他任何饲料。钙、磷比例合适,易被吸收利用。

1. 天然牧草和人工牧草 这类饲料可参考粗饲料类。利用这类饲料青割喂羊，不要堆积发热，防止亚硝酸盐中毒。

2. 多汁饲料 主要包括块根、块茎及瓜类等饲料，如甘薯、胡萝卜、马铃薯和南瓜等。这类饲料粗蛋白质含量一般只有1%～2%。含水量为75%～95%，干物质中富含淀粉和糖，有利于乳糖和乳脂的形成；纤维素含量一般不超过10%，而且不含木质素；矿物质含量差异较大，通常缺少钙、磷、钠，而钾的含量较丰富；维生素含量的差异也较大，胡萝卜含有丰富的维生素，尤其是胡萝卜素含量最多。甜菜仅含有维生素C，缺乏维生素D。甘薯味甜，适口性好，易消化，可生喂，也可熟喂，但缺乏维生素，生喂易出现腹泻，不可过量，同时要禁用黑斑病甘薯喂羊，以防中毒。

多汁饲料具有轻泻与调养作用，对泌乳母羊还起催奶作用。在良好草地上放牧的羊不需要补饲这类饲料，到了枯草季节，应根据具体情况补喂。如果青干草的质量和数量都不理想，也没有青贮饲料，每只成年羊每天可喂块根或块茎饲料1～2千克。补饲量的确定还要参考羊所排粪便的变化，如果粪便不成形，就要减少饲喂量。繁殖季节的公、母羊需要大量的维生素，应供给足够的多汁饲料。在严寒的冬季应控制多汁饲料饲喂量，以防羊只发生腹泻症。

3. 水生植物 这类饲料有水浮莲、小葫芦和水花生等，通常含水量高达90%～95%。因此，不能直接喂羊，应摊晒或制作青贮饲料后再喂。

（三）青贮饲料

用饲料作物（玉米为主）或各种新鲜的植物饲料（包括优质牧草）贮制而成的多汁饲料称为青贮饲料。饲料青贮后，既能长期保存，又能较好地保存青饲料的养分。蛋白质已被分解为氨基酸和酰胺，碳水化合物被分解为乳酸，粗纤维已变软。因此，提高了消化率，并具有良好的适口性和调养性。在肉羊的饲草料配比中，青贮饲料可占45%～65%。饲前应与其他饲料拌匀。当青贮的酸度过大时，按每只羊加入3克左右小苏打粉，防止造成代谢性酸中毒。在母羊产前、产后的5～8天少喂青贮料，以防发生乳房炎和腹泻。霉烂和结冰的青贮饲料对肉羊的健康有害，应禁止饲用。

（四）能量饲料

凡每千克饲料的干物质中含消化能10.46兆焦以上者，或蛋白质含量低于20%和粗纤维含量低于18%的饲料均属此类。主要包括谷实类饲料和糠麸类饲料。能量饲料具有容易消化吸收、适口性好、粗纤维含量少、能量高、蛋白质中等、易保存等特点，是肉羊热能的主要来源之一。能量饲料在肉羊日粮的精饲料中占60%～80%，在夏季比例略低一些，在冬季比例略高一些。

1. 谷实类饲料

（1）玉米　玉米是禾本科谷物饲料中淀粉含量最高的饲料，70%为无氮浸出物，几乎全是淀粉，粗纤维含量极少，饲喂肉羊容易被消化，其有机物消化率达90%。玉米还因适口性好、钙和脂肪含量高而大量用于动物配合饲料中。玉米的缺点是蛋白质含量低，而且主要由生物学价值较低的玉米蛋白质和谷蛋白组成，胡萝卜素含量也较低。所以，用玉米喂羊时，最好搭配豆饼等其他原料，并补充钙。玉米过量饲喂可引起酸中毒。

（2）大麦　大麦是重要谷物之一，全世界总产量仅次于小麦、大米、玉米，而居于谷物类第四位。大麦粒（脱壳）含水分

11%，粗蛋白质约11%，粗脂肪12%，粗纤维6%，粗灰分3%。大麦的蛋白质含量高于玉米，大部分氨基酸(除蛋氨酸、甲硫氨酸以外)都高于玉米，但利用率比玉米低。由于大麦的外皮中含有一定量的单宁，因此具有涩酸味。大麦的热能含量不及玉米，而且非淀粉多聚糖(NSP)总量达16.7%(其中水溶性多聚糖为4.5%)。由于水溶性多聚糖具有粘性，可减缓羊消化道中消化酶及其底物的扩散速度，阻止其相互作用，降低底物的消化率。同时阻碍被消化养分接近小肠粘膜表面，影响养分的吸收。因此，大麦用作肉羊饲料时，以不超过日粮总量的20%为宜，而且应与其他谷物饲料源搭配使用。

(3)小麦 小麦的营养价值与玉米相似，全粒中粗蛋白质含量约为14%，最高可达16%，粗纤维含量为1.9%，无氮浸出物为67.6%。小麦虽然也含有11.4%多聚糖，水溶性多聚糖为2.4%，其粘度低于大麦。压扁小麦可代替肉羊精饲料中50%以上的玉米。

(4)高粱 高粱亦属禾本科植物子实，高粱和玉米间有很高的替代性。高粱籽粒所含养分以淀粉为主，占65.9%～77.4%。蛋白质占8.4%～14.5%，略高于玉米。粗脂肪含量较低，为2.4%～5.5%。与其他禾谷类饲料相比，高粱的营养价值较低，主要表现在其蛋白质含量较低，赖氨酸含量一般只有2.18%左右。高粱因含有带苦味的单宁，使蛋白质及氨基酸的利用率受到一定影响，不同高粱品种的单宁含量有明显差异。据李筱倩等人(1998)报道，扬州大学培育的Ks-304白色杂交高粱颖壳与子实易分离，单宁含量仅为0.0585%，其质量明显优于褐高粱。褐高粱的单宁含量高达1.34%，是杂交高粱的23倍，而且颖壳与子实包得很紧，味苦，适口性差，容易引起便秘。因此，褐高粱很少用在羊饲料中。

(5)燕麦　燕麦的营养价值低于玉米，虽然蛋白质含量较高(9%～11%)，富含B族维生素，但粗纤维含量高达10%～13%，能量较低，脂溶性维生素和矿物质含量较少。

2. 糠麸类饲料

(1)麸皮　小麦麸的营养价值随出粉率的高低而变化。平均含粗蛋白质15.7%，粗纤维8.9%，脂肪3.9%，总磷0.92%。麸皮质地疏松，容积大，具有轻泻作用，是母羊产前及产后的好饲料。

(2)米糠　通常是指大米糠。其粗蛋白质含量为12.8%，粗脂肪16.5%，粗纤维5.7%，是一种蛋白质含量较高的能量饲料。但蛋白质品质较差，除赖氨酸外，其他必需氨基酸含量均较低。米糠中磷多钙少，植酸磷占其总磷的80%以上。米糠中不饱和脂肪酸含量高，易氧化变质，不宜久存。

(3)玉米糠(玉米皮)　玉米制粉过程中的副产品，主要包括外皮、胚、种脐和少量胚乳。其粗蛋白质含量为9.9%，粗纤维9.5%，磷多(0.48%)，钙少(0.08%)。玉米糠质地膨松，吸水性强，干喂后饮水不足，容易引起便秘，因此，饲喂前应加水拌湿。肉羊配合饲料中的推荐量为10%～15%。

(五)蛋白质饲料

凡饲料干物质中粗蛋白质含量在20%以上、粗纤维含量小于18%者均属此类。包括植物性蛋白质饲料和动物性蛋白质饲料。非蛋白质含氮饲料也可代替一部分蛋白质饲料。

1. 植物性蛋白质饲料

(1)豆科子实及其副产品　如大豆、蚕豆、豌豆及豆渣、豆浆等。豆科子实中粗蛋白质含量丰富，一般占干物质的20%～40%；必需氨基酸如赖氨酸含量高，因而蛋白质品质好。大豆含能量较高，每千克含消化能16.74兆焦以上。大豆因富含具有完全价值的蛋白质，成为肉羊理想的蛋白质饲料。豆类子实应熟喂，豆渣、豆浆也应煮熟喂。因为豆科子实及其副产品经加热处理，可破坏其胰蛋白酶抑制素，这样既能增加其适口性，又能提高肉羊对所含蛋白质的消化率和利用率。

（2）油饼类饲料 包括大豆饼、花生饼、菜籽饼和棉籽饼等。油饼类饲料的营养价值很高，粗蛋白质含量达31%～40.8%，氨基酸组成较完全，粗蛋白质的消化率、利用率均较高。

大豆饼是饼类饲料中数量最多的一种，一般粗蛋白质含量在40%以上，其中必需氨基酸的含量很高，是生物学价值最高的一种植物性蛋白质饲料。

花生饼的营养价值较高，粗蛋白质含量可达44%～47%。与豆饼相比，花生饼中精氨酸含量较高，但其他必需氨基酸（特别是赖氨酸）缺乏。因花生皮中单宁含量较高，绵羊对花生饼的消化率较低。花生饼易感染黄曲霉菌，因此，较难贮存。

棉籽饼中粗蛋白质含量仅次于大豆饼，蛋氨酸、色氨酸含量高于大豆饼，但缺乏赖氨酸；钙含量低，缺乏维生素A和维生素D；棉籽饼中含有棉酚等有毒物质。

菜籽饼含粗蛋白质34%～38%，可消化蛋白质占27.8%，赖氨酸含量丰富，烟酸含量也高于其他油饼类饲料。菜籽饼含有芥子苷等有毒物质。

在各类油饼类饲料中，花生饼可单独饲喂肉羊，但要注意防霉变；豆饼用水浸泡后与其他青饲料、精饲料搭配饲喂，效果较好。棉籽饼、菜籽饼喂羊前先要去毒。棉籽饼去毒的方法以煮沸法效果最好；菜籽饼脱毒方法很多，可以用坑埋法，最好用农业部规划设计研究院研究的生物脱毒法脱毒。棉籽饼和菜籽饼在肉羊配合饲料中的用量以不超过8%为宜。

2. 动物性蛋白质饲料 主要指乳和乳品业的副产品、禽产品、渔业加工副产品和养蚕业副产品等。如牛奶、鸡蛋、鱼粉、蚕蛹等。动物性蛋白质饲料的粗蛋白质含量较高,一般占干物质的50%~85%;粗蛋白质品质好,所含必需氨基酸齐全,生物学价值高;消化率高,钙、磷比例适当,能被家畜充分消化利用;富含B族维生素,特别是维生素B_{12}含量高。

动物性蛋白质饲料宜作为配种期公羊、泌乳母羊、生长羔羊以及弱羔、病羔的蛋白质补充料。饲喂时,应合理控制用量,一般占日粮10%左右,而且要注意防霉变。

3. 非蛋白质含氮饲料 尿素、双缩脲及某些铵盐都是目前广泛应用的非蛋白质含氮饲料。尿素、双缩脲等都是简单的纯化学物质,对肉羊没有能量的营养效应。由于肉羊瘤胃中的微生物能有效地利用非蛋白氮合成能被羊胃肠消化吸收的菌体蛋白质,所以具有较高的营养价值。如1千克尿素加上6千克玉米,在瘤胃微生物的作用下,产生相当于7千克豆粕的蛋白质营养。

非蛋白氮具有价格低、含氮量高、来源广的特点,既可混合于精饲料中(氨水除外),也可与青贮饲料、干草混合,但是使用量不能过大。一般成年母羊每天喂尿素10~15克。饲喂时,将尿素均匀地混合在精料或铡短的秸秆、干草中,不可和含油脂多的豆饼混合饲喂,喂后不能立刻饮水。每日应分2~3次喂给,严禁将尿素集中一次喂给,造成尿素在瘤胃中浓度过大,分解氨过多而引起中毒。肉羊喂尿素时,应采取由少到多的办法,增强微生物的适应能力和合成作用,适应过程为6~8周。将尿素加在青贮饲料中,可提高青贮饲料的蛋白质水平。一般每1 000千克青贮饲料中加尿素5~6千克,即先将溶解后的尿素均匀地洒在青贮饲料中，然后装窖青贮即可。如果将尿素与糊化了的淀粉做成颗粒饲料，饲喂效果更好。

长期饲喂非蛋白氮影响羊肉滋味，因此，育肥羊在屠宰前1个月应停止饲喂。

（六）矿物质饲料

常用的矿物质饲料主要有食盐、贝壳粉、蛋壳粉、石粉和磷酸氢钙等。这类饲料不含蛋白质和能量，只含矿物质。具有刺激食欲、提高适口性、补充钙和其他矿质元素的作用。

对任何一只羊来说，盐是最需要补充的矿物质饲料。一只成年羊日需要食盐5～10克，但各种饲料源的含盐（主要是钠）量较少，尤其是牧草含钠量更少，远远不能满足羊体的需要。因此，必须给羊补盐。北方地区最好补充硒碘盐。补盐的方法多种多样，常见的有饮水补盐、自由啖盐、盐砖补盐等。

1. 饮水补盐 在每升饮水中加入食盐0.5～1克，并经溶解和搅拌均匀后让羊自由饮用。在春末和夏初，牧草水分含量高，钠含量低，而且饮水量不大，每升饮水中食盐量可调整到1克；而在精饲料日饲喂量较大或粗饲料以青干草为主的舍饲条件下，每升饮水加入的食盐量应降至0.5克左右。

2. 饲料补盐 为了补盐，通常在配合饲料中加入1%～2%食盐。饲料中盐的添加量取决于配合饲料的日饲喂量、饮水量和日粮组成。羔羊饲料盐的添加量控制在1%左右。

3. 自由啖盐 将食盐单独放在专用盐槽里让羊自由舔食，即所谓的“啖盐”。

4. 盐砖补盐 盐砖是以食盐为载体，添加钙、磷、碘、铜、锌、锰、铁、硒等元素，经过一定工艺加工而成。使用时可吊挂在羊舍或运动场，任羊自由舔食。

其他矿物质饲料常用作添加剂，应根据日粮配合的需要，补给钙与磷，一般与精料混合使用。

（七）维生素补充饲料

维生素主要存在于青绿饲料中。冬春季节，青饲料缺乏，维生素不足，影响肉羊的生长发育。胡萝卜、优质牧草、树叶和发芽饲料都含有大量胡萝卜素和维生素E，可用作维生素补充料。在冬春缺乏青饲料季节，胡萝卜用作种公羊、泌乳母羊、小羔羊的维生素补充料，效果很好。每只羊的日饲喂量为0.5～1千克。

（八）添 加 剂

通常为了满足肉羊的营养需要，完善日粮的全价性，或者为了达到促进肉羊生长、防止某些疾病、减少饲料贮藏期营养物质的损失、改进肉质等目的，在日粮中添加一些矿物质、维生素、生长促进剂或抗氧化剂等微量成分，这些添加的物质就称为添加剂。

添加剂可分为两大类，一类具有营养性，另一类为非营养性。肉羊的营养性添加剂有矿物质添加剂和维生素添加剂。非营养性添加剂主要有生长促进剂、驱虫保健剂、化学防腐剂和调味剂等。

三、肉羊饲料的加工调制

（一）子实饲料的加工

1. 粉碎　子实饲料虽然可以直接饲喂肉羊，但消化率低。特别是子实的外皮，更不容易消化。饲料粉碎后不仅利于羊咀嚼，而且表面积增大，有利于消化液的接触，从而提高饲料消化率。但也不宜粉碎得过细，饲料过细可导致羊咀嚼不充分，唾液混合不均匀，反刍困难，反而妨碍消化。严重时，出现瘤胃萎缩症、真胃迟缓乃至变位。小麦、大麦则以压扁为宜。

2. 蒸煮和焙炒 豆类子实含有胰蛋白酶抑制素，蒸煮或焙炒后能破坏这种抑制素的作用，提高消化率和适口性。禾本科子实含淀粉较多，经蒸煮或焙炒后，部分淀粉糖化，变成糊精，产生香味，有利于消化。

3. 发芽 子实发芽后可作为维生素补充料。最常用的发芽饲料原料是大麦等禾本科子实。方法是先将子实用15℃的温水或冷水浸泡12～24小时，摊放在木盆或细筛内，厚3～5厘米，上面盖麻袋或草席，经常喷洒清水，保持湿润。发芽所需时间因温度和需要的芽长而定。在20℃～25℃的室内，一般经过5～8天即可发芽。若有条件，可制作人工发芽的木架，以提高效率。

(二)颗粒饲料的制造

颗粒饲料是根据肉羊的营养需要，按照一定的饲料配比搭配，粉碎后充分混合，再用压缩机加工而成。颗粒饲料也是一种全价配合料，不但具有饲喂方便、适口性好、营养全面、减少浪费等特点，而且羊采食颗粒饲料后，咀嚼时间长，有利于消化吸收。颗粒饲料可以直接饲喂肉羊，尤其适合喂羔羊。

(三)人工牧草的栽培、收割与加工调制

1. 牧草选择的依据 优良牧草必须具备较高的营养价值和丰产性。相对而言，一年生牧草品质高于多年生牧草，早

熟品种优于晚熟品种。因为早熟品种通常在低温条件下生长，晚熟品种主要在高温条件下生长。在低温凉爽的环境下，牧草叶、茎可以沉积更多的易消化的碳水化合物及蛋白质，从而提高了牧草的营养价值。而在高温条件下，牧草中贮存了较多的难以消化的纤维，而易消化碳水化合物贮存较少，这就是晚熟品种消化率低的原因。即使同一种牧草，不同品种间的差异也很大。比如被称为牧草之王的苜蓿，不论从营养价值看，还是从产草量、适口性看，都是任何其他牧草品种无法比的。但不同苜蓿品种的生产性能和对环境条件的适应性是不相同的。只有选择真正的良种，采用科学的栽培技术和田间管理，才能生产出高产优质的苜蓿牧草。

2. 应用科学栽培技术 种植牧草就如同种植小麦、水稻、玉米等农作物一样，有一整套科学的栽培技术。要确保牧草高产稳产，必须配以科学的栽培技术。

(1)因地制宜选种 牧草的正常生长与适宜的气候条件和赖以生存的土壤有着密切的关系，违反自然规律盲目引进牧草种植，其牧草的生命力就会下降甚至导致绝收。换句话说，任何牧草都对环境条件有一定的要求，即使同一种牧草，不同品种对环境条件的要求也不完全一样，因此，各地应根据当地的气候特点，选择相适应的牧草品种。在寒冷地区，宜选择种植耐寒的紫花苜蓿、燕麦、冬牧 70 黑麦、无芒雀麦、串叶松香草、沙打旺等；干旱地区，宜选择种植耐旱的紫花苜蓿、苏丹草、沙打旺、籽粒苋、羊草、无芒雀麦、披碱草等；炎热地区宜选择种植串叶松香草、苏丹草、苦荬菜等；温暖湿润地区，宜选择种植黑麦草、苏丹草、饲用玉米、白三叶、红三叶、串叶松香草、苦荬菜等；碱性的土壤，宜选择种植耐碱性的紫花苜蓿、冬牧 70 黑麦、串叶松香草、沙打旺、苏丹草、羊草、无芒雀麦、披碱草等;酸性的土壤,宜选择种植耐酸的串叶松香草、白三叶等;贫瘠的土壤,宜选择种植耐贫瘠的沙打旺、紫花苜蓿、无芒雀麦、披碱草等;土壤湿度大的地区,宜选择种植白三叶、红三叶、披碱草等。

(2)适时适地播种 尽量在非高温季节,选择阳坡地块种植牧草作物,以避免高温、低光照的不良影响。

(3)注重多种牧草搭配 种植牧草,要依据饲养肉羊的种类和数量,按照长短结合、周年合理供应的原则选择牧草品种。根据不同季节和不同牧草品种生长特点进行合理搭配和混播,以确保全年各月份牧草的总量供应能满足畜禽的需要。在温暖的春季可种植黑麦草、红三叶、白三叶、紫花苜蓿等,在炎热的夏季可种植苏丹草、串叶松香草、苦荬菜等,在寒冷的冬季可种植冬牧70黑麦,并以青贮料和晒干草作为牧草的补充。牧草种植可采用禾本科与豆科牧草搭配混播。由于这两类牧草的根系和叶片分布不同,吸收的养分也有差异,禾本科牧草还可利用豆科牧草根瘤菌提供的氮素,因此,可显著提高牧草的产量。另外,在饲养肉羊等反刍家畜时,要防止因采食单一豆科牧草而发生瘤胃臌气。一般常用的牧草组合有:苇状羊茅加白三叶或紫花苜蓿,无芒雀麦加紫花苜蓿,紫花苜蓿加黑麦草等。

3. 适时收割 牧草作物收割时间的确定应考虑产量、质量(茎、叶比例)。如黑麦草最佳收割时间为抽穗期至乳熟期,大麦为孕穗期,燕麦为孕穗至抽穗始期,豌豆和黑豆为开花至结荚始期,玉米为乳熟至蜡熟期,苜蓿为开花始期(开花植株占总植株的5%~10%)。收获太晚,牧草作物茎秆老化,养分下降,适口性变差。国际市场苜蓿产品的质量要求更高,要求苜蓿在孕蕾末期或初花期进行收割,以开花植株占1%以下为宜，这样的苜蓿经晾晒加工后，其粗蛋白质含量可达18%，符合产品的出口标准（蛋白质含量不能低于17%）。在完成全部收割时，开花率不能超过10%，因此，粗蛋白质含量可保持在17.5%以上。刈割后的苜蓿草必须尽快晒干，并在最短的时间内集草成行，进行捡拾、打捆、码垛。

4. 牧草的干燥处理 牧草在干燥过程中，因本身的呼吸和蒸腾作用而发生一系列的化学变化。这些变化持续的时间越长，其营养成分损失得越严重。一般情况下，牧草在晒制过程中总营养物质要损失20%～30%，可消化蛋白质损失30%左右，维生素损失50%以上。如长年曝晒，营养物质损失则更大。刈割后的牧草如果遭到雨淋，会使组织内的易溶性化合物，如维生素、矿物元素、水溶性糖和部分蛋白质严重损失，其中无机物损失可达67%。这些损失主要发生在叶片上。雨淋过的牧草可能发生霉变，完全丧失饲用价值。因此，只有迅速干燥才能减少营养的损失。为了加速干燥过程，并使茎秆和叶片均匀干燥，可采用茎秆机械压扁法。茎秆压扁干燥的紫花苜蓿和三叶草比普通干燥的牧草营养物质损失减少66%～75%，粗蛋白质损失减少75%～83%。有些粗壮且水分含量高的牧草或秸秆（如甘薯蔓）如果不经机械压扁，需要晒制较长时间，不仅营养损失较严重，而且可能因霉变丧失其饲用价值。牧草干燥分为自然干燥法和人工干燥法。

（1）自然干燥法 即利用太阳热能晒制干草，不需要特殊设备，一般农户均可实施。具体的干燥方法又可分为地面干燥、草架干燥和发酵干燥。

①地面干燥法 也叫田间干燥。先将收割后的青草摊放在干燥而平坦的地面曝晒，并时时翻动，以迅速降低青草中的含水量，争取在4～5小时内将水分降到40%左右。然后将草

堆集成0.5～1米高的草堆，并保持草堆松散通风，使其逐渐风干。遇到恶劣天气及时遮盖，严防雨水淋湿，天气转晴后可以推倒翻晒，直至干燥。当水分降至20%～25%时，打成30～50千克的草捆，运至棚中堆贮，减少翻动，防止叶片脱落和营养损失，以保持青绿颜色。待水分降至14%左右时，即可上垛贮存。

②*草架干燥法* 在潮湿多雨的地区或季节，应采用草架干燥。草架可因陋就简，也可凭借他物临时替代。如用毛竹搭成独木架、棚架、锥形架等，也可利用墙头、树干等晒制干草。晒制时，将青草置于草架上，厚度不超过70厘米，保持蓬松。草架干燥的牧草养分损失少，品质好。

③*发酵干燥法* 在阴湿多雨地区，可将青草平铺风干，当水分降至50%左右时，分层堆积压实至3～5米厚，表层覆盖地膜。堆内青草迅速发热，经2～3天，温度上升到60℃～70℃时，若一时无法晾晒，可堆放1～2个月不会腐烂；若天气转晴，打开草堆，马上晾晒，发酵所产热量迅速散发，容易干燥。这样制得的干草呈褐色，略具发酵的酸香味，品质略差。

(2)人工干燥法 利用特制的干燥机具，通过加热、通风的方法调制干草。其优点是干燥时间短，生产效率高，养分损失少，通常可使青草营养成分的90%～95%得以保存，青干草的品质好，也可进行大规模工厂化生产。缺点是设备投资和耗能的费用较高，而且制得的干草缺乏维生素D。人工干燥法又可分为常温通风干燥法、低温烘干法和高温快速干燥法。

①*常温通风干燥法* 即利用高速风力来干燥青草。无论是散草还是草捆，在草库内经堆垛后，通过草堆中设置的栅栏通风道，用鼓风机强制鼓入空气，最后达到干燥。这种干燥方法适于收获青草时，相对湿度低于75%，且气温高于15℃的

地方使用。

②低温烘干法　用浅箱式或传送带式干燥机烘干牧草，干燥温度为50℃～150℃，时间为几分钟至数小时，适合于小型农场。也可在48℃左右的室内停放数小时，使青草干燥。

③高温快速干燥法　用转鼓气流式干燥机，牧草铡至2～3厘米长，然后经传送机送入烘干筒，经数分钟甚至数秒钟烘烤，使青草水分降至10%左右。此法生产效率高，但设备昂贵，国外工厂化草粉生产采用较多。

5. 青干草的品质鉴定　青干草品质的好坏直接影响到肉羊的健康状况和生产性能。因此，有必要对所饲用的青干草品质进行鉴定。用于鉴定的牧草样品要具有代表性，必须是多点抽样。鉴定的内容主要包括以下几个方面。

(1)水分含量　青干草的标准含水量应在17%以下。含水量超过17%时，容易霉烂变质。

(2)颜色　优良的青干草应保持青绿颜色。这是蛋白质、胡萝卜素和多种维生素保存的重要标志。如果青干草失去青绿色，即表示营养物质损失较大；如果青干草变为褐色或黄色，则表示品质不佳。

(3)气味　适时收割所调制的青干草，具有草香气味。若草堆里散发出霉烂气味，表明其品质不良。

(4)叶片的多少　牧草植物叶片营养丰富，适口性好，容易消化。因此，青干草在调制过程中应尽量使叶片不受损失。优质青干草的茎、叶比例应为1∶1，叶片脱落越多，其品质越差。

(5)牧草收割时的发育期　根据青干草植株上花和果实的有无及其所占的比例来判断牧草收割时的发育期。若收割时期适宜，则营养价值较高，品质优良；若已有荚果形成，则收获时间已迟，茎秆粗老，品质较差。

(6)杂质含量 指青干草中夹带灰尘、泥沙等杂质的多少。优质青干草要求纯净而杂质少。若杂质较多，表明其品质也较差。

(7)植物组成情况 人工栽培牧草多为禾本科牧草和豆科牧草，这是最有营养价值的两大类。天然牧草中，禾本科和豆科所占的比重不应少于60%，且有毒有害植物不宜超过1%，所制干草品质优良。

(8)病虫害侵袭情况 优质青干草要求无病害与虫害的严重侵袭。

6. 青干草的贮存 青干草贮存不当也会发霉变质，使养分损失殆尽。青干草的贮存方法有草棚贮存和露天贮存。

(1)草棚贮存 贮量小，适合于用草量不大的养殖户。贮存时草垛底部采取防潮措施或离开地面0.5米，垛顶应与棚顶之间有一定距离，以保持通风。青干草可打成小捆，整齐地堆垛在棚内，也可在羊舍上方的空间堆垛。

(2)露天贮存 露天贮存的垛址应选在地势高燥处，不渗透雨、雪水，排水良好；距羊舍较近，取用方便。垛底要高出地面30～50厘米，最好在上面铺一层树枝、秸秆等。清除垛底附近杂草及障碍物，以利防水防火，垛的顶部可抹上泥巴，以防风吹雨淋。

(四)青贮饲料的调制

1. 青贮饲料的特点

第一，具有酸香味，柔软多汁，能刺激食欲、消化液分泌和胃肠蠕动，增强消化功能，促进精饲料和粗饲料中营养物质的利用，提高秸秆的消化率和适口性。

第二，在密封条件下，青贮饲料可长期保存，可在冬春枯草季节为羊补充青绿饲料。

第三，青贮饲料不受风吹日晒和雨淋的影响，可避免火灾，是牧草和秸秆一种经济、安全的保管方法。

第四，秸秆青贮后，所含病菌、虫卵和杂草种子失去活力，可大大减少生物对环境的危害。

第五，营养丰富。青贮饲料的养分损失少。优质青贮饲料养分一般损失不超过15%，干物质损失在10%以内，特别是蛋白质和胡萝卜素损失很少。如每千克青贮玉米中含粗蛋白质 20 克、粗脂肪 8～11 克、粗纤维 59～67 克、无氮浸出物 41～114 克。维生素含量也很丰富，其中含胡萝卜素 11 毫克、烟酸 10.4 毫克、维生素 C 75.7 毫克，同时含有钙、铜、钴、锰、锌、铁等矿质元素。

2. 青贮原理 青贮是在密封条件下利用微生物的发酵作用，达到长期保存青绿饲料营养物质的一种方法。即将新鲜植物紧实地堆积在密封的容器中，通过微生物（主要是乳酸菌）的厌氧发酵，使原料中所含的糖分转化为有机酸（主要是乳酸），当乳酸在青贮原料中积累到一定浓度时，就能抑制其他微生物活动，并制止原料中养分被微生物分解破坏，而使其得到很好的保存。当青贮原料 pH 值达到 3.8～4.4 时，乳酸菌也停止活动，意味着发酵结束。由于青贮原料是在密闭且微生物停止活动的条件下贮存的，因此，可以长期保存不变质。

3. 青贮的条件

（1）原料要有一定的含糖量 用于青贮的饲料原料含糖量不应低于 1%，因为乳酸主要由糖分转化而来，糖分过高，饲料会过酸；糖分过低，乳酸繁殖缓慢，则饲料不易青贮而容易腐败。玉米秸秆是理想的青贮原料，尤其是乳熟后至蜡熟期的带棒玉米最为理想。容易青贮的饲料还有高粱秸秆、饲用甘蓝、菊芋等。难青贮的饲料是含糖量较低的苜蓿、红豆草、草木犀等豆科牧草。豆科牧草最好在盛花期收割，并以1∶2的比例掺入禾本科牧草或青玉米秆青贮。

(2)原料含水量要适当 青贮原料的适宜含水量为65%～75%。水分不足，青贮原料不易压实，空气不易排除，植物体糖分也不容易渗出来，这种条件不利于厌氧的乳酸菌繁殖，相反，喜氧杂菌会猖獗；水分过多，青贮料中的汁液会受压流失，使原料粘结成块，降低乳酸浓度，产生挥发性酪酸和氨，使青贮饲料变臭。

青贮料水分的掌握，应视原料质地而定。如玉米秸、高粱秸等质地粗硬、不易压实的原料水分含量应高一些。质地柔软的原料如薯蔓、树叶、天然牧草等的水分含量应低一些。

(3)环境气温要适宜 当青贮原料温度控制在25℃～35℃时，乳酸菌就能大量繁殖，很快占主导地位，致使其他一切杂菌都无法活动繁殖。温度过高(50℃)，丁酸菌活跃，会导致原料腐败。因此，在青贮饲料时，应注意选择适宜的季节或天气。气温过低，乳酸菌不能正常繁殖，也达不到青贮的效果。

(4)内环境要高度缺氧 乳酸菌是厌氧菌，只有在没有空气的条件下才能繁殖。如果不排除空气，不仅没有乳酸菌存在的余地，而且喜氧的霉菌会迅速繁殖，导致青贮失败。因此，青贮原料要切短(3～5厘米)、压实、密封好。

(5)加工过程要快 铡碎的青贮原料堆放半天，就会大量产热，既损失养分，又影响质量。因此，青贮过程中应快割、快铡、快装窖。

4. 青贮设施 我国目前多用青贮壕(图4-1)、青贮窖(图4-2)，也有用塑料薄膜在地面上青贮的。窖型有地下式、半地下式和地上式几种。半地下式窖，地下深度为 0.5 米，地上部分为 1.5 米。

近年来，也有人将青贮原料堆在水泥地面上，堆成长方块面包形，用双层塑料薄膜覆盖，也取得了良好的效果。无论用哪一种青贮，都要符合下列要求：①地势高燥，土质坚实，窖底离地下水位 0.5 米以上；②窖的形状以长方形较佳，要求窖壁光滑，窖口上大下小，适当倾斜，四角应呈圆弧形，窖底平坦；③建筑材料最好选择砖混结构，暂不具备条件时，也可选择土窖铺垫塑料薄膜的办法，但青贮原料不能与土墙壁接触。

图 4-1 青贮壕

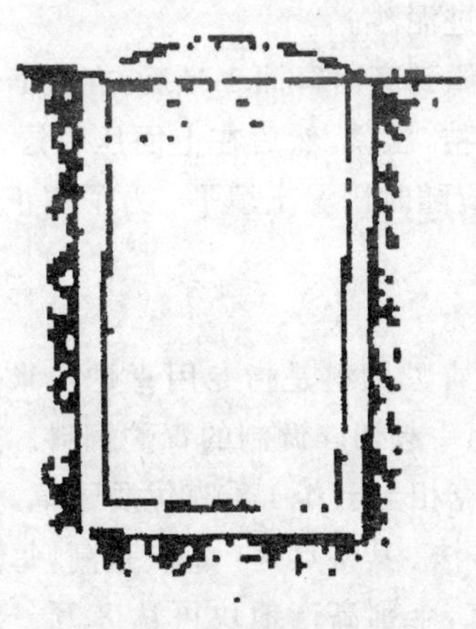

图 4-2 青贮窖

5. 青贮饲料的调制方法

(1)清理青贮设施 青贮设施在使用之前必须彻底清理，晾干。

(2)原料的选择 常见的青贮饲料主要有玉米全株青贮(或甜高粱青贮)、玉米秸秆青贮、牧草青贮、混青合贮和半干青贮等。适时收割是保证青贮原料质量最主要的因素之一。选择收割时间，不仅要考虑单位面积营养物质收获量的多少，而且要考虑到糖分和水分是否合适。玉米全株青贮在蜡熟期收割，禾本科牧草应在抽穗期收割，豆科牧草应在开花初期收割。收割好的原料应当及时运到青贮现场予以青贮。

(3)原料的铡短 原料在青贮前都应铡短。羊用的原料，一般铡成 3～4 厘米长，以便压实和利用。

(4)调整原料的含水量 测定青贮原料水分含量的简易办法是用手捏青贮料，以指间水湿不滴水为宜。若原料含水量过高，可适当晾晒；含水量过低，可加水拌匀后青贮。

(5)装窖 装窖前，先在窖底铺垫 10 厘米厚的麦秸。装窖时，要边装边压，每装 10～20 厘米厚，就必须压一次，特别要压紧窖的边缘和四角。较大的青贮窖还可用拖拉机碾压。装窖时要保持原料清洁，防止混进泥沙。

(6)封窖 当青贮原料装添到高出窖面 1 米后，在上面盖上塑料薄膜或 15～30 厘米麦秸，压紧，然后在上面压一层 30 厘米湿土。青贮原料下沉后，应随时用湿土填平。为了防止雨水浸入，周围应挖排水沟。

6. 常见青贮饲料种类

(1)玉米青贮饲料 玉米青贮饲料是指专用青贮玉米品种，在蜡熟期收割，茎、叶、果穗一起切碎调制的青贮饲料。这种青贮饲料营养价值高，每千克相当于 0.4 千克优质干草。是目前世界上广泛采用的青贮方法。其特点是：①产量高，每公顷产量一般为 5 万～6 万千克，个别高产地块可达 8 万～10 万千克，青贮玉米产量一般高于其他作物(指北方地区)；②营养较丰富，可在冬春季节补充青饲料之不足；③适口性强，青贮玉米含糖量高，制成的优质青贮饲料具有酸甜清香味，且酸度适中(pH 值 4.2)，羊习惯后，很喜食。

(2)玉米秸秆青贮饲料 玉米子实成熟后先将籽实收获，秸秆用于青贮。在华北、华中农作物一年两熟地区，夏玉米收获后，叶片仍保持绿色，茎、叶水分含量较高，是调制青贮饲料较好的原料。

(3)牧草青贮 一些多年生牧草如苜蓿、草木犀、红豆草、沙打旺、红三叶、白三叶、冰草、无芒雀麦、老芒麦、披碱草等，不仅可调制干草，而且也可以调制青贮饲料。把牧草调制成青贮饲料，既可以减少牧草营养损失，又可节省调制干草的费用。牧草青贮要注意以下技术环节。

第一，根据牧草茎秆柔软程度决定切碎长度。禾本科牧草及一些豆科牧草(苜蓿、三叶草等)茎秆柔软，应切成3～4厘米长。沙打旺、红豆草等茎秆较粗硬的牧草，应切成1～2厘米长。

第二，豆科牧草不宜单独青贮。豆科牧草蛋白质含量较高，糖分含量较低，满足不了乳酸菌对糖分的需要，单独青贮时容易腐烂变质。为了增加糖分含量，可采用与禾本科牧草或饲料作物混合青贮。如添加1/4～1/3的青割玉米、苏丹草、甜高粱等，切碎并与豆科牧草充分混合后青贮，效果较好。如果当地有制糖厂的副产品，如甜菜渣(鲜)、糖蜜、甘蔗上梢及叶片等，也可以混在豆科牧草中，进行混合青贮。

第三，禾本科牧草应与豆科牧草混合青贮。禾本科牧草有些水分含量偏低(如披碱草、老芒麦)而糖分含量稍高，豆科牧草水分含量稍高(如苜蓿、三叶草)，二者进行混合青贮，优劣可以互补，营养又能平衡。所以，在建立人工草地时，就应考虑种植混播牧草，便于收割和青贮。

(4)蔓和叶菜类饲料青贮 这类青贮原料主要有甘薯蔓、花生蔓、甜菜叶、甘蓝叶、白菜等，除花生蔓含水量较低外，其他几种含水量均较高。因此，制作青贮饲料时，应先晾晒，再与低水分原料或粉碎的干饲料实行混合青贮。

(5)混合青贮 所谓混合青贮，是指两种或两种以上青贮原料混合在一起制作的青贮。这类饲料除了禾本科牧草与豆科牧草混合、高水分饲料与干饲料混合外，还有糟渣饲料与干饲料混合青贮。混合青贮的优点是有利于乳酸菌的繁殖生长，青贮饲料营养丰富，质量高。

7. 青贮饲料的品质鉴定 青贮饲料在饲用前，应依据颜色、气味、质地等感官指标和 pH 值进行品质鉴定。

(1)看颜色 品质良好的青贮饲料呈绿色或黄绿色，接近原色，有光泽；中等的呈黄褐色或暗绿色；下等的呈褐色或灰黑色。

(2)嗅气味 具有芳香味和酒香味的饲料则品质优良；酸味强烈、酒香味不浓则意味着含酸较多，品质中等；酸味很淡、有腐败的臭味，则品质不良，不宜饲用。

(3)摸质地 用手捏成团后会逐渐散开，质地软，略带湿润，茎、叶仍保持原形，则品质优良；若捏成团不易散开，粘滑、结块或腐烂呈污泥状，则品质不良，不能饲用。

(4)测 pH 值 用试纸测定，品质优良的青贮料 pH 值在3.8～4.4之间。

8. 青贮饲料的有效利用

(1)开窖使用不宜过早 应在加工后40～60天，待饲料发酵成熟、产生足够的乳酸、具备抗有害细菌和霉菌的能力后才能启用。

(2)分段取用 开窖时，应从一端开始。首先揭去上面覆盖的土、草和霉变层，再由上而下垂直切取。每日取用后，要用塑料薄膜覆盖取用部位。

(3)初期不宜多喂 用青贮料饲喂羊，初期可拌在其他饲料中一起喂，以后逐渐增加饲喂量。成年羊的日饲喂量为1～

2 千克，并应分次饲喂。由于青贮饲料含有大量的有机酸，具有轻泻作用，因此，患有肠炎、腹泻的羊和怀孕后期母羊应少喂或停喂，尤其是产前半个月的怀孕母羊一定要停喂。饲喂青贮饲料时，精饲料中应添加 1%～2%碳酸氢钠，以防止酸中毒。羔羊因瘤胃功能不健全，应少喂或慎喂。如果青贮料的酸度过大，可用 5%～10%的石灰乳中和。

(4)严禁饲喂霉变青贮饲料 如果发现羊在饲喂青贮饲料后出现腹泻现象，应立即查找原因，如果发现有霉变的饲料，应弃之不用。

(5)严防青贮饲料二次发酵 二次发酵又叫好氧性腐败。在温暖季节开启青贮窖后，空气随之进入，好氧性微生物开始大量繁殖，青贮饲料中养分遭受大量损失，出现好氧性腐败，产生大量的热。为避免二次发酵所造成的损失，应采取以下技术措施。

第一，适时收割青贮原料。用作青贮的原料最好在降霜前收割，收割后立即下窖贮存。如果霜前收割，霜后青贮，乳酸发酵就会受到抑制，青贮中总酸量减少，开启窖后易发生二次发酵。

第二，计算青贮日需要量。合理安排日取出量。修建青贮设施时，用塑料薄膜将大窖分隔成若干小区，分区取料。

(五)作物秸秆的氨化处理

氨化的主要原料是氨水、尿素、碳氨、硫氨等，处理的对象主要是营养价值差(含糖量应低于 5%)、消化降解率低的稻秆和麦秸。其基本方法就是往草垛中注氨。不同氨源配制的浓度不同。用尿素或氨水做氨源，气温应低于 30℃，而且最好在夜间或阴天进行。由于氨源具有弱碱性，能打断植物细胞壁中纤维素、半纤维素与木质素之间联接的酯键，增加纤维之间的空隙度，使细胞壁膨胀、疏松，增大瘤胃微生物附着的面积，提高纤维降解率。氨化饲料存在适口性差、成本高等缺点，生产中应慎用。

第五章　肉羊的饲养管理与育肥技术

一、肉羊在饲养管理方面存在的误区

(一)养羊业等于草地畜牧业

传统而落后的养羊者总认为,羊是放牧动物,牧草是惟一的食物来源,不管草地上的可利用牧草资源多么贫乏,羊一年四季都要到那里去啃食,致使“冬乏春死”成为一种规律性的现象而长期存在。事实上,草食动物只有在良好的草地上放牧,才可以满足其营养需要。但是,在草地出现退化而缺乏基本的放牧要素——牧草的条件下,在冬春枯草季节,不论是公羊,还是母羊,仅靠采食天然草地牧草难以满足维持营养或生产营养的需要,而且还因艰难的行走运动消耗大量的能量。因此,以放牧为主的羊群,冬春季节必须补充一定量的精饲料和优质青干草。

(二)放牧等于破坏生态环境

许多人一提到生态环境破坏,就联想到放牧,好像二者不仅有着必然的因果关系,而且是对等关系。因此,杀羊成为治理环境的一项措施。可以肯定地说,过度放牧确实给生态环境带来一定负面影响,但绝不是惟一的、关键的影响。而关键是人为因素。由于人口膨胀对生产资料的总需求增加所引起的生存压力导致了对环境的掠夺式经营,由无限制地乱开垦和乱挖掘造成的沙尘暴，以及虫害、鼠害、干旱等自然灾害，无一不是破坏生态环境的祸根。

(三)舍饲是简单的圈养

羊属草食家畜，在草地上牧食是其本能。但由于生态环境的恶化或人们出于某种需要(生产肥羔肉)，将羊圈起来养，羊的采食方式由主动选择变成被动采食。食物来源也不再是人们常说的“百样草”，而是有限的饲料，活动地域受到严重限制。如果这些限制完全背离了羊的基本的生理特点，繁殖力、生产力、生活力会出现障碍或停止。舍饲需要投入更多的人力、物力。因此，如果不是出于某种特殊需要，舍饲只是一种无奈的选择。但是如果选择了舍饲，就应根据羊的基本生理需要，创造适宜的生活环境，给予科学饲养管理，而不应是纯粹意义上的圈养。

(四)羊吃啥喂啥

羊具有天生的对特定饲料的喜好和厌恶，这部分特性(如食草行为)是由遗传及身体生理结构决定的。但是，羊的许多行为习性都会随着环境条件的变化而变化，即具有较大的可塑性。如长期放牧的羊，经过一段时间的舍饲后，再回到草场上，就不会啃食牧草，需要1～2周的训练才能恢复。在饲喂青贮饲料的初期，羊都不愿意接受，但经过1～2周的诱导训练，可逐渐适应而不再拒绝。当然，羊对饲料的选择能力是非常有限的，特别是在舍饲条件下，人们给予的可选择机会很少，只能是喂什么，吃什么。而且在饥饿无助或严重缺乏某种营养素的条件下，羊还会强迫自己采食并不喜欢的食物或异物(如羊毛、泥土、瓦砾等)。另外，羊通常贪食精饲料，如果对其采食量不进行人工调节和控制，就会发生消化不良或酸中毒病，甚至死亡。

（五）羔羊过早断奶

许多农、牧户将1月龄羔羊强行断奶，断奶后未能给予特别照顾，致使羔羊生长发育受到严重影响，死亡率高，养殖效益低。虽然羔羊大约到7周龄时能较好地消化粗饲料，但是此时断奶的羔羊仅靠采食粗饲料无法获得足够的营养。另外，羔羊断奶应经过7～10天的逐渐适应期，切忌突然断奶，以防止羔羊出现严重的断奶应激现象。羔羊断奶后，必须给予特别关照，除了供给一定量的易消化全价配合饲料外，还要供给足够的优质青干草和清洁饮水，任其自由采食和饮用。

（六）忽视清洁饮水的供给

有人认为，羊吃饱就好，饮水多少关系不大，或者只给羊饮泔水，这种做法显然是不科学的。水是组成体液的主要成分，对羊体内的正常物质代谢有特殊的作用。只有充足饮水，才能有良好的食欲，所采食的草料才能很好消化吸收，血液循环与体温调节才能正常进行。羊缺水比缺草还难以忍受和维持生命。饮水少则采食量下降，2～3天不饮水则拒绝采食。如长期饮水不足，就会引起唾液减少，瘤胃发酵困难，消化不良，体躯消瘦。羊缺水，血浆浓度升高，成活率降低。长期缺水，尿浓度增高可使羊发生尿中毒，甚至死亡。羊喜清洁饮水，尤其是山羊常常拒饮被污染的水。这种行为也被看作是羊的自我保护行为，但在极度干渴条件下，也会被迫饮用非清洁水。其结果可能感染寄生虫病、传染病或消化道疾病。因此，应给羊提供充足的洁净饮水。每只羊的日供水量为3～5升，任其自由饮用。同时，还要注意水的卫生和质量，最好为深井水或流动而清洁的河水。一般情况下，人的安全饮水对羊也是安全的。饮水中的固体物（各种可溶解盐类）含量为150毫克/升时较为理想。低于5 000毫克/升对羔羊无害，超过7 000毫克/升可导致腹泻。但从无盐水突然转为微盐咸水时，有些羊可能出现暂时性轻度腹泻，因此，需要有一个逐渐适应的过程。

（七）不重视微量元素的补充

饲料添加剂，尤其是微量元素添加剂，虽然用量小，但对补充营养、预防疾病、保障羊肉产品质量作用很大，不仅有利于羊的正常生长、繁殖，还可节省饲料，降低成本，提高养殖效益。因此，有人把添加剂称作全价饲料的心脏和灵魂。以硒元素为例，全国2/3的土地上都缺乏，尤其是西北黄土高原，由于严重的水土流失，土壤中的硒元素越来越少，已成为严重缺硒区，动、植物都表现出严重的缺硒症状。如缺硒羔羊表现为生长缓慢，易患腹泻、心脏病和白肌病，甚至死亡。我国养羊业每年仅由于硒元素缺乏造成的损失是巨大的。何况大部分土地，不仅缺硒，还缺碘、锌、钴、锰等，这些微量元素只有通过补充才能满足动植物的需求。

（八）把秸秆当作肉羊惟一的饲料

我国农区秸秆饲料丰富，因此，多数农户把秸秆当作肉羊惟一的饲料。事实上，不同来源的农作物秸秆营养价值差异很大，虽然有些秸秆（如花生蔓）具有较高的饲用价值，但大多数秸秆营养价值很低，如小麦秸和稻草的粗蛋白质含量仅为3%～6%，玉米秸秆的粗蛋白质含量为3.5%。秸秆中的矿物质含量均低，最突出的是磷不足，其含量仅为0.025%～

0.16%，而日粮配合所需含磷量在0.2%以上。秸秆还缺乏反刍动物所必需的维生素A、维生素D和维生素E等。此外，秸秆大部分成分不能被家畜直接利用，即使是可直接利用部分，其转化效率也很低。仅靠一些饲用价值较低的作物秸秆饲养肉羊，保证羊的正常生存都有困难，更谈不上生产性能的正常发挥和生产水平的提高了。因此，饲用秸秆应予以选择，并与其他饲料配合利用，而不能作为任何家畜的惟一饲料源。

（九）盲目种植牧草

一些报刊杂志介绍牧草新品种时，只说牧草的优点，不讲缺点，带有明显商业广告意图。如牧草鲁梅克斯适口性差，抗营养物质单宁和草酸含量高，饲用价值很低。但有的媒体硬把它说成是优质牧草，在一定程度上，误导了老百姓。种植牧草，应根据当地的气候和可利用土地条件，选择那些经过当地试种，证明确实具有较高的营养价值、较好的适应性和适口性的牧草品种。

（十）日粮中精饲料比例偏高

有些羊场为了追求羊的“表观效应”，大量饲喂精料，甚至有人提出肉羊全精料育肥法。大家知道，羊属草食家畜，7周龄前的羔羊，在吸吮大量的母乳条件下，可以补充一定量精饲料。这个年龄段的羔羊可以和单胃动物一样看待，但同时又有别于单胃动物。因为羔羊有不同于单胃动物的消化器官，大量饲喂精饲料容易引起消化不良。断奶后的羔羊或成年羊单独或大量饲喂精料既不经济，又有损其健康，轻则引起消化不良，重则出现酸中毒乃至死亡。肉羊的精料饲喂量不是越多越好，应以不超过日粮的60%为宜。

二、羊的消化特点与营养需要

(一)羊的消化特点

羊所采食的饲料,通过消化器官的作用分解为比较简单的物质后被机体吸收,用于构建机体组织所需要的物质,维持代谢和营养物质积蓄。了解羊的消化特点,是进行科学养羊的基础。

1. 羊消化器官的特点 羊是小型反刍动物,有4个胃室。根据羊胃的结构和生理功能特点,可将其分为前胃和真胃两大部分。前胃是反刍动物对饲料进行微生物发酵和营养物质吸收的重要场所,有3室,分别为瘤胃(占整个胃容量的的79%)、网胃(又叫蜂巢胃,占整个胃容量7%)、瓣胃(占整个胃容量的6%~7%,其内壁有大量皱褶)。瘤胃容积大,是1个连续发酵罐,既能保证羊在较短的时间内采食大量的饲料,又有利于瘤胃内所共生的微生物生存和发酵,供给羊所需要的营养。羊所需要的能量很大一部分是通过瘤胃吸收微生物发酵产生的挥发性脂肪酸来满足的。真胃又叫皱胃,占整个胃容量的7%~8%。真胃与其他单胃动物的胃一样,能分泌胃酸和消化酶,可进行有效的化学性消化。

小肠是羊的重要消化吸收器官,较长,与羊体长的比为25~30∶1,具有较强的消化吸收能力。而大肠的长度仅有小肠的1/10,其功能主要是吸收水分和形成粪便。

反刍是羊的主要消化行为。羊在短时间内能采食大量的饲草。当羊采食停止后或休息时,把经瘤胃浸泡的饲草逆呕成一个食团于口中,经反复咀嚼70~80次后再吞咽入瘤胃,然后再逆呕咀嚼另一个食团。1天内逆呕食团数在500个左右。

影响羊反刍的因素很多，草料的种类、品质和日粮的调制方法、饲喂方式、气候、饮水以及羊的体况等都会影响反刍。当羊过度疲劳、患病或受到外界的强烈刺激时会出现反刍紊乱或停止。病羊如果出现食欲废绝、反刍停止，就表明其病情已十分严重，往往预后不良。

2. 瘤胃的消化功能　瘤胃不但是羊采食大量饲料的临时"贮藏库"，而且寄生着60多种微生物，对羊消化、吸收有重要的作用。瘤胃微生物包括细菌和原虫，每毫升瘤胃液中含细菌5亿～10亿个，原虫2 000万～5 000万个。对粗纤维的分解和蛋白质合成起主要作用的是细菌。瘤胃的环境对微生物的繁殖非常有利。瘤胃内温度40℃左右，pH值在6～8之间，是一个连续的厌氧发酵系统。瘤胃微生物与羊的共生关系，是在长期的生物进化过程中形成的，是反刍动物对恶劣自然环境的适应。正是由于反刍动物具有复杂的瘤胃消化功能，使反刍动物在利用品质粗劣的饲草方面，其利用效率高于单胃动物。

(1)分解消化粗纤维　羊本身并不能产生分解粗纤维的酶，必须借助于微生物活动产生的纤维分解酶把粗饲料中的粗纤维分解成容易被消化吸收的碳水化合物，通过瘤胃壁吸收利用，作为羊主要的能量来源。羊通过瘤胃微生物对日粮营养物质的发酵、分解所得到的能量，占羊能量需要量的40%～60%。

(2)合成菌体蛋白，改善日粮的粗蛋白品质　日粮中的含氮物质(包括蛋白质和非蛋白质含氮化合物)进入瘤胃后，大部分会经过瘤胃微生物的分解，产生氨和其他低分子含氮化合物。瘤胃微生物再利用这些低分子含氮化合物来合成自身的蛋白质，以满足生长和繁殖的需要。随食糜进入真胃和小肠的微生物，可被消化道内的蛋白酶分解，成为肉羊的重要蛋白质来源。日粮中低品质的植物性蛋白质和非蛋白氮经过瘤胃微生物的分解和合成作用，其必需氨基酸含量可提高5～10倍，可以满足肉羊的营养需要。试验表明，用禾本科干草或农作物秸秆饲喂绵羊时，由瘤胃转移到真胃的蛋白质约有82%属于菌体蛋白。可见，瘤胃微生物在肉羊的蛋白质营养方面具有重要的作用。

(3)合成维生素 维生素B_1、维生素B_2、维生素B_{12}和维生素K是瘤胃微生物的代谢产物，可以被羊在小肠等部位吸收利用，满足肉羊对这些维生素的需要。因此，成年羊一般不会缺乏这几种维生素。在放牧条件下，羊也很少发生维生素A、维生素D和维生素E缺乏。但是，如果肉羊长期缺乏青饲料，就会出现维生素缺乏症，尤其是种公羊、生长期幼龄羔羊和妊娠后期母羊更容易发生。因此，必须在日粮中添加这几种维生素或饲喂富含维生素的青绿多汁饲料或青贮料，以满足肉羊健康、生长发育及生产需要。

(二)肉羊的营养需要和饲养标准

1. 肉羊的营养需要 了解肉羊的营养需要，是确定饲养标准、合理配合日粮、进行科学养羊的依据，也是维持肉羊的健康及其生产性能的基础。肉羊需要的营养包括能量、蛋白质、脂肪、矿物质、维生素和水。

(1)能量 肉羊的呼吸、运动、维持体温、生长发育等全部生命过程都需要能量。肉羊从饲料的碳水化合物、脂肪和蛋白质中获得能量，其中碳水化合物和脂肪是能量的主要来源。碳水化合物包括淀粉、糖和粗纤维。由于羊特殊的瘤胃消化生理特点，通过瘤胃微生物的发酵，可以有效地分解和利用植物性饲料原料中的粗纤维作为能量，因而在肉羊的日粮中供给一些优质粗饲料，不仅可以降低饲养成本，而且也是满足羊的正常消化生理功能所必需的。

(2)蛋白质 蛋白质是肉羊所必需的重要营养成分。不但是羊体内各种组织、器官生长发育和修复所必需的原料，也是羊体内许多酶、激素、抗体以及肉、乳、皮、毛、血液、神经、结缔组织、腺体、精液等的主要成分。在羊体内营养不足时，蛋白质可分解供给能量，维持机体代谢活动。当蛋白质摄入过剩时，也可转化成糖、脂肪或分解产生热能，供机体代谢之用。蛋白质的营养作用是碳水化合物、脂肪等营养物质所不能代替的。肉羊缺乏蛋白质饲料时，会出现消化功能减退、体重减轻、生长发育受阻、抗病力下降，严重缺乏时可导致肉羊死亡。日粮中蛋白质水平过低，还会影响羊对其他营养物质的吸收和利用，降低日粮的利用效率，对肉羊生产造成极为不利的影响。

各类饲料中的粗蛋白质含量不同。其中饼粕类为30%～45%，豆科子实类为20%～40%，糠麸类为10%～17%，豆科干草类为9%～12%，秸秆类为3%～6%，块根类为0.5%～1%。在肉羊饲养中，应根据饲料的来源、价格以及肉羊的饲养标准或要求配制日粮。羔羊育肥期的日粮粗蛋白质含量为16%～18%，成年羊育肥日粮中的粗蛋白质水平可降至12%～14%。

(3)脂肪 脂肪是含能量最高的营养素，也是贮存能量的最好形式。脂肪所产的热能是蛋白质和碳水化合物的2.25倍左右。脂肪是组成羊体组织细胞的重要成分，如神经、肌肉、血液等均含有脂肪。各种组织的细胞膜是由蛋白质和脂肪按照一定比例所组成。脂肪也参与细胞内某些代谢调节物质合成，为羊体提供必需脂肪酸(亚油酸、亚麻酸、花生四烯酸)。羊缺乏必需脂肪酸时，皮肤出现角质鳞片，毛细血管变得脆弱，免疫力下降，生长受阻，繁殖力下降，易患维生素 A、维生素 D 和维生素 E 缺乏症，甚至死亡。羔羊反应更敏感。

脂肪广泛存在于动、植物组织中，其中以糠麸类和各种饼粕类饲料含量较高，成熟后的作物秸秆含量较低。羊除了长期饲喂单一饲料或劣质饲料的情况外，一般不会缺乏脂肪。因此，一般羊日粮中不需要添加脂肪，若日粮中脂肪含量超过10%，会影响羊的瘤胃微生物发酵，阻碍羊体对其他营养物质的吸收与利用。

(4)矿物质 矿物质是动物营养中的一大类无机营养素。矿物质（包括常量元素和微量元素）在羊体内的含量虽然很低，但它是保证羊生长、发育、繁殖、育种、泌乳和健康不可缺少的营养物质。其主要功能是参与体内各种生命活动，构成羊体组织器官，调节体内渗透压和酸碱平衡，参与三大有机物质代谢，维持细胞膜渗透性及神经肌肉的兴奋性等。如果短期内日粮中矿物质不足，羊可以动用其体内的贮备加以弥补，保证羊的正常生长发育和生产繁殖；但长期缺乏或过量，会影响羊的健康，造成羊的矿物质缺乏或中毒。羊对矿物质的需要量见表 5-1 。羊常用的矿物质饲料有食盐、骨粉、石粉和磷酸氢钙等。

表 5-1 羊对矿物质的需要量

名 称	绵羊(每日每只)				山羊(每日每只)			最大耐受量
	幼龄羊	成年育肥羊	种公羊	种母羊	幼龄羊	种公羊	种母羊	
食盐(克)	9～16	15～20	10～20	9～16	7～12	10～17	10～16	—
钙(克)	4.5～9.6	7.8～10.5	9.5～15.6	6.1～13.5	4～6	6～11	4～9	2%

续表 5-1

名称	绵羊(每日每只)				山羊(每日每只)			最大耐受量
	幼龄羊	成年育肥羊	种公羊	种母羊	幼龄羊	种公羊	种母羊	
磷(克)	3～7.2	4.6～6.8	6～11.7	4～8.6	2～4	4～7	3～6	0.6%
镁(克)	0.6～1.1	0.6～1	0.85～1.4	0.5～1.8	0.4～0.8	0.6～1	0.5～0.9	0.5%
硫(克)	2.8～5.7	3～6	5.25～9.05	3.5～7.5	1.8～3.5	3～5.7	2.4～5.1	0.4%
铁(毫克)	36～75	—	65～108	48～130	45～75	40～88	43～85	500
铜(毫克)	7.3～13.4	—	12～21	10～22	8～13	7～15	9～15	25
锌(毫克)	30～58	—	49～83	34～142	33～58	30～70	32～88	300
钴(毫克)	0.36～0.58	—	0.6～1	0.43～1.4	0.4～0.6	0.4～0.8	0.4～0.9	10
锰(毫克)	40～75	—	65～108	53～130	45～76	40～85	48～88	1000
碘(毫克)	0.3～0.4	—	0.5～0.9	0.4～0.68	0.3～0.4	0.2～0.3	0.4～0.7	50

资料来源：李英(1993)；最大耐受量为每千克干物质的百分比或数量

(5)维生素　维生素对维持羊的健康、生长发育和繁殖具有十分重要的作用。成年羊瘤胃微生物能合成B族维生素及维生素C、维生素K。除哺乳期羔羊、生长期的幼羊和长期缺乏青绿饲料的舍饲羊外，其他羊很少发生维生素缺乏症。对舍饲成年羊，尤其是舍饲种公羊和泌乳前期母羊的日粮中，要注意供给足够的维生素A、维生素D和维生素E。羊的维生素需要量见表5-2。

表 5-2　羊对维生素的需要量

名称	绵羊(每日每只)				山羊(每日每只)			最大耐受量
	幼龄羊	成年育肥羊	种公羊	种母羊	幼龄羊	种公羊	种母羊	
维生素A(单位)	4000～9000	5.7～8	9.8～33	5.7～14	3.5～5.7	6.9～13	4～12	14～1320
维生素D(单位)	420～700	0.56～0.76	0.5～1.02	0.5～1.15	0.4～0.55	0.33～0.62	0.42～0.9	7.4～25.8
维生素E(毫克)	—	—	51～84	—	—	32～61	—	560～1500

(6)水 水是羊体重要组成成分之一。水是饲料消化吸收、营养物质代谢、体内废物排泄及体温调节等生理活动所必需的物质，是羊的生命活动所不可缺少的。水分一般占体重的60%～70%。缺水可使羊的食欲下降，胃肠蠕动减慢，消化紊乱，血液浓缩，体温调节功能失调。在缺水情况下，羊体内脂肪过度分解，会诱发毒血症，导致肾炎。当体内水分损失5%时，羊有严重的渴感，食欲下降或废绝；当体内水分损失10%时，羊出现代谢紊乱，生理过程遭到破坏；当水分损失达20%时，可导致羊死亡。

羊采食1千克饲料干物质一般需水3～5升。应让羊每日自由饮水2～3次。饮水必须清洁卫生，符合饮水卫生标准，被粪便或其他污物污染的水源不能让羊饮用。特别是山羊，会拒绝饮用被污染的水，但在严重缺水条件下，它们也不得不饮用非清洁水，并因此而损害健康。在舍饲条件下，羊以自由饮水为宜，冬天不能饮冰冷水，冰冷水不仅会引起平滑肌收缩、胃肠痉挛，还可导致胃肠温度和环境突然改变，正常微生物繁殖受到限制，病原体乘虚而入，大量繁殖，引起消化不良、腹泻等症状。夏天的饮水不能曝晒，因为水经曝晒后，温度升高，利于细菌繁殖和污染，饮用这种水也容易引起消化道疾病。

2. 肉羊的饲养标准 羊的饲养标准就是羊的营养需要量。它是根据羊的品种、性别、年龄、体重、生理状态、生产方向和水平，科学合理地规定每只羊每天应通过饲料供给的各种营养物质的推荐量。饲养标准是进行科学养羊的依据和重要参数，其内容有两部分，一是羊的营养需要量，二是各种饲料对羊的营养价值。二者配合使用就能计算出羊在特定生理状况下的日粮配方。

不同品种、性别、年龄、体重、生理状态、生产目的、生产性能、环境条件下的羊的营养需求量各不相同。因此，世界各国都制定了自己的绵羊饲养标准，但被普遍接受和广泛采用的是美国的NRC标准。我国已完成了中国美利奴、新疆细毛羊、内蒙古细毛羊、萨能奶山羊等品种的饲养标准，但没有专门的肉用绵、山羊饲养标准。因此，只能借鉴已完成的上述几个标准(表5-3，表5-4，表5-5，表5-6)。

表5-3 新疆细毛羊舍饲育肥饲养标准

体重（千克）	日增重（克/日）	消化能（兆焦）	代谢能（兆焦）	粗蛋白质（克）	可消化蛋白质（克）	钙（克）	磷（克）	食盐（克）
20	100	9.04	7.43	111	63	1.9	1.8	6
	150	10.23	8.37	141	79	2.4	2.1	6
	200	11.32	9.31	158	95	2.8	2.4	6
	250	12.46	10.26	171	111	3.3	2.8	6
	300	13.60	11.20	183	128	3.8	3.1	6
25	100	10.51	8.63	121	68	2.2	2.0	7
	150	11.85	9.72	150	84	2.7	2.4	7
	200	13.18	10.82	168	101	3.2	2.7	7
	250	14.51	11.92	180	117	3.8	3.1	7
	300	15.82	13.01	191	134	4.3	3.4	7
30	100	11.99	9.83	132	73	2.5	2.2	8
	150	13.51	11.08	161	90	3.0	2.6	8
	200	15.03	12.33	178	107	3.6	3.0	8
	250	16.57	13.57	189	123	4.2	3.4	8
	300	18.08	14.82	200	140	4.8	3.8	8
35	100	13.46	11.06	141	78	2.8	2.5	9
	150	15.18	12.43	171	95	3.4	2.9	9
	200	16.89	13.83	187	112	4.0	3.3	9
	250	18.61	15.23	198	129	4.6	3.7	9
	300	20.32	16.63	207	145	5.2	4.1	9

续表 5-3

体重（千克）	日增重（克/日）	消化能（兆焦）	代谢能（兆焦）	粗蛋白质（克）	可消化蛋白质（克）	钙（克）	磷（克）	食盐（克）
	100	14.94	12.23	143	80	3.1	2.7	10
	150	16.85	13.74	170	95	3.7	3.2	10
40	200	18.76	15.33	183	110	4.4	3.6	10
	250	20.66	16.86	192	125	5.1	4.1	10
	300	22.57	18.44	204	140	5.7	4.5	10
	100	16.41	13.43	152	85	3.4	2.9	11
	150	18.51	15.13	179	100	4.1	3.4	11
45	200	20.61	16.84	192	115	4.8	3.9	11
	250	22.71	18.55	198	129	5.5	4.4	11
	300	24.81	20.25	210	144	6.2	4.9	11
	100	17.89	14.63	159	89	3.7	3.2	12
	150	20.18	16.49	186	104	4.4	3.7	12
50	200	22.51	18.35	198	119	5.2	4.2	12
	250	24.77	20.20	206	134	5.9	4.7	12
	300	27.19	22.06	215	148	6.7	5.2	12

表 5-4 中国美利奴羊羔羊育肥饲养标准 （1992）

体重（千克）	日增重（克/日）	干物质（千克）	代谢能（兆焦）	粗蛋白质（克）
	100	0.9	5.82	126
20	150	0.9	6.32	139
	200	0.9	6.81	154
	100	1.1	8.88	159
25	150	1.1	9.38	173
	200	1.1	9.88	186

续表 5-4

体重（千克）	日增重（克/日）	干物质（千克）	代谢能（兆焦）	粗蛋白质（克）
30	100	1.3	11.93	192
	150	1.3	12.43	206
	200	1.3	12.90	219
35	100	1.5	14.90	224
	150	1.5	15.49	238
	200	1.5	15.95	252

表 5-5 中国美利奴种公羊饲养标准

体重（千克）	干物质（千克）	代谢能（兆焦）	粗蛋白质（克）	钙（克）	磷（克）	食盐（克）	维生素D（单位）	β-胡萝卜素（微克）	维生素E（单位）
非配种期									
70	1.7	15.5	225	9.5	6.0	10	500	17	51
80	1.9	17.2	249	10.0	6.4	11	540	19	54
90	2.0	18.8	272	11.0	6.8	12	580	21	57
100	2.2	20.1	294	11.5	7.2	13	615	23	60
110	2.4	21.8	316	11.5	7.6	14	650	25	63
120	2.5	23.4	337	12.0	8.0	15	680	27	66
配种期									
70	1.8	18.4	339	12.1	9.0	15	780	17	63
80	2.0	20.1	375	12.6	9.5	16	820	32	66
90	2.2	22.2	409	13.2	9.9	17	860	37	72
100	2.4	23.8	443	13.8	10.5	18	900	42	75
110	2.6	25.9	476	14.4	10.8	19	940	47	78
120	2.7	27.6	508	15.0	11.3	20	980	52	81

表 5-6 美国 NRC 建议的绵羊饲养标准 (1985)

体重（千克）	日增重（克/日）	采食量（千克）	消化能（兆焦）	代谢能（兆焦）	粗蛋白质（克）	钙（克）	磷（克）	维生素 D（国际单位）	维生素 E（国际单位）
青年母羊妊娠前 15 周									
40	160	1.4	15.06	13.38	156	5.5	3.0	1880	21
50	135	1.5	13.30	12.54	159	5.2	3.1	2350	22
60	135	1.6	17.15	14.22	161	5.5	3.4	2820	24
70	125	1.7	18.40	15.06	164	5.5	3.7	3290	26
妊娠后 4 周(预计产羔率为 130%～175%)									
40	225	1.5	18.40	15.06	202	7.4	3.5	3400	22
50	225	1.6	19.66	15.89	204	7.8	3.9	4250	24
60	225	1.7	20.49	16.73	207	8.1	4.3	5100	26
70	225	1.8	20.91	17.15	210	8.2	4.7	5900	27
哺乳单羔前 6～8 周(羔羊 8 周断奶)									
40	－50	1.7	20.49	16.73	257	6.0	4.3	3400	26
50	－50	2.1	25.51	20.91	282	6.5	4.7	4250	32
60	－50	2.3	28.02	23.00	295	6.8	5.1	5100	34
70	－50	2.5	30.53	25.09	301	7.1	5.6	5400	38
哺乳双羔前 6～8 周羔羊(8 周断奶)									
40	－100	2.1	26.76	21.75	306	8.4	5.6	4000	32
50	－100	2.3	29.27	23.84	321	8.7	6.0	5000	3
60	－100	2.5	31.87	25.93	336	9.0	6.4	6000	38
70	－100	2.7	34.29	27.60	351	9.3	6.9	7000	40
育成母羊									
30	227	1.2	14.22	11.71	185	6.4	2.6	1410	18
40	182	1.4	16.73	13.80	176	5.9	2.6	1880	21
50	120	1.5	16.31	13.38	136	4.8	2.4	2350	22
60	100	1.5	16.31	13.38	134	4.5	2.5	2820	22
70	100	1.5	16.31	13.38	132	4.6	2.8	3290	22

续表 5-6

体重（千克）	日增重（克/日）	采食量（千克）	消化能（兆焦）	代谢能（兆焦）	粗蛋白质（克）	钙（克）	磷（克）	维生素D（国际单位）	维生素E（国际单位）
育成公羊									
40	330	1.8	20.91	17.15	243	7.8	3.7	1880	24
60	320	2.4	28.02	23.00	263	8.4	4.2	2820	26
80	290	2.8	32.62	26.76	268	8.5	4.6	3760	28
100	250	3.0	35.13	28.86	264	8.2	4.8	4700	30
育肥羔羊(4～7月龄)									
30	295	1.6	17.15	14.22	191	6.6	3.2	1410	20
40	275	1.6	22.58	18.40	185	6.6	3.3	1880	24
50	205	1.6	22.58	18.40	160	5.6	3.0	2350	24
早期断奶羔羊(生长潜力中等)									
10	200	0.5	7.53	5.85	127	4.0	1.9	470	10
20	250	1.0	14.64	12.13	167	5.4	2.5	940	20
30	300	1.3	18.40	15.06	191	6.7	3.2	1410	20
40	345	1.5	21.33	17.56	202	7.7	3.9	1880	22
50	300	1.5	21.33	17.56	181	7.0	3.8	2350	22

三、肉羊饲养方式的选择

选择饲养方式必须因地制宜，因时而异。同一群羊可在不同季节采取不同的饲养方式。因此，饲养方式的划分是相对的，而不是绝对的。如放牧绵、山羊在冬、春枯草季节，采取半放牧(放牧加补饲)或全舍饲养殖方式。舍饲羊在条件允许的情况下，可进行短时间放牧运动，如每天驱赶到人工草地上放牧一会，既补充了青饲料，又锻炼了体质。

（一）放 牧

1. 放牧具有一定合理性 放牧作为草地畜牧业的主要经营形式，具有一定的合理性。

（1）有利于降低饲养成本 放牧可使廉价的天然牧草资源得到转化和利用。羊在放牧条件下饲养，可使饲料和工人工资等方面的费用比舍饲低50%～70%，因此，可降低羊产品生产成本和增加养殖利润。

（2）有利于改善羊健康状况、繁殖性能和产品品质 适当的运动有利于羊的身体健康和繁殖性能的提高。放牧羊主要采食未受工业尘埃及农药污染的杂草而生长繁殖，加之本身抗病力强，很少使用抗生素等有残毒的药物。因此，羊肉较安全、卫生。

（3）有利于天然草地牧草的再生 牧草植物的衰老组织不仅不能进行有效的光合作用，而且呼吸消耗植物的营养资源，并因遮阳而阻碍下部枝条的产生和生长。当这些衰老组织被放牧牲畜除去后，就有利于植物的再生。另外，大量的研究表明，当动物采食去除了顶端后，植物会发生超补偿生长，即去除了顶端生长点的植物产量高于未受伤害的植物。动物的合理采食还可以刺激被食植物的种子产量、生物学产量、无性繁殖器官的数量、分蘖密度等的增加，从而增加了某些植物种的生产力、寿命和繁殖潜力。

（4）有利于营养物质的再循环 土壤中营养物质的可利用性是植物生长的一个重要条件。在大多数情况下，土壤养分总是处于有限供应状态。在不被放牧的条件下，植物残体的分解速度较慢，土壤中可利用养分含量较低。当有动物放牧时，大部分被食植物组织以粪尿形式返还草地，加速了土壤的养分循环，有利于再生。因此，动物采食可通过提高土壤肥力而诱导植物的超补偿生长。

（5）有利于维持生物的多样性 草原工作者通过对草地植被的研究证明，如果采取合理的放牧措施，草地条件的良性转化仍然是可能的。美国草原管理学会主席柯利瑞(1991)认为，家畜对牧草的啃食会促进植被的长期繁茂，并可维持草原生态系统生物物种的多样性。疏林区的繁茂牧草不被动物利用，不仅造成牧草资源的浪费，而且容易孳生病虫害，引起火灾。适度的放牧还能使草地有害虫类的比例下降。

2. 正确处理放牧与生态环境保护的关系

（1）控制载畜量（放牧量） 前人的研究证明，在自然植被上放牧，若草地利用率超过产草量的 45%～50%时，会引起牧草组成的破坏，家畜喜食的优良牧草逐渐减少，甚至消失，而不喜食或不宜食的杂草、毒草相应增多；反之，如果牧草的利用率低于 40%～45%时，植被的组成与产量均有所改善，而且能够获得较高的养殖效益。因此，不论是肉羊新饲养区，还是传统放牧饲养区，都应依据草场的产草量确定载畜量，因地制宜，以草定畜。

决定载畜量的因素有草地类型、牧草产量与品质、生长季节和所饲养羊群的种类等。在相同放牧条件下，不同种类羊所需的草地面积也不完全相同。如大型肉用绵、山羊品种，因为采食量也大，所需草地面积大于小型地方品种。通常，1 只成年羊（以体重 50～60 千克成年母羊为例）夏、秋季节每天需青草 8～10 千克，冬、春季节每天需干草 2～2.5 千克，全年需要上等草场约 0.67 公顷，中等草场约 1.3 公顷，下等草场约 2 公顷。也可按照草地的实际产量和羊群对草地利用率等因素进行估算。其计算公式为：

$$放牧量=\frac{饲草产量(千克/公顷)\times 利用率}{羊日采食物量(千克/头)\times 放牧天数\times 放牧时间(小时)}$$

另外，在入冬前应严格淘汰非繁殖用羊，以减缓草场压力。

(2)发展季节性羔羊肉生产 冬末与早春季节出生的羔羊，可以利用夏、秋季生长旺盛的牧草，实现较快的生长速度。也可采取放牧加补饲、放牧饲养加短期舍饲育肥等方法，使羔羊在冷季到来前，体重达到上市标准。这样，一方面可减缓冬、春季草场压力，将有限的牧草留给繁殖母羊；另一方面，可为市场提供优质羔羊肉，满足人们的肉食需求。

(3)实现肉羊良种化 引入良种，普及良种，改良提高当地羊的产肉性能。我国的绵、山羊品种中，除了小尾寒羊等少数几个品种外，大多数用作肉用的羊生长缓慢，羔羊不能当年出栏，饲养周期长，养殖效益差，造成了牧草资源的极大浪费。而大多数良种肉羊品种，如萨福克羊、杜泊羊和波尔山羊等，6月龄体重可达到30千克以上。此时上市的羔羊不仅可为市场提供具有竞争优势的优质羔羊肉，还可节约大量的饲料资源，减轻草场压力。

(4)大力发展人工草地 虽然天然草地作为可更新的自然资源具有很大的生产潜力，但人工草地上的载畜量、单位草地肉产量、肉质量均大大高于天然草地。草地畜牧业发达国家的经验是，人工草地面积占天然草地面积的10%，畜牧业生产力比完全依靠天然草地增加1倍以上。因此，人工草地的数量和质量已成为畜牧业现代化的重要指标之一。目前，美国的人工草地占天然草地的15%，俄罗斯占10%，荷兰、丹麦、英国、德国、新西兰等国占60%～70%。但我国目前草地的生产力很低，人工草地面积仅为天然草地面积的2%。我国北方牧区约有2 000万公顷土地适宜人工种植牧草，建立人工草地和饲料基地。根据两院院士近年的考察论证，我国南方地区宜于近期开发利用的草地有1 200万公顷，如果实现科学合理的开发利用，其载畜量相当于一个新西兰的规模，可年产牛羊肉300万吨以上，约等于2 400万吨粮食。另外，北方开发潜力较大的还有农牧交错带，即年降水量400毫米左右的呈带状分布的森林草原带，包括11个省、市、自治区的150多个县，总面积约为5 000万公顷。如将其中的2 000万公顷建成高产人工草地和饲料基地，将形成120万吨牛羊肉的生产能力，等于生产960万吨粮食。在农区，完全实行种植业的三元结构（农作物、经济作物和饲料作物）后，估计饲料作物的种植面积可达1 200万公顷，相当于增加饲料粮4 000万吨。因此，必须增加资金和技术投入力度，努力改善我国草地的生产和生态环境，并使草地资源得到合理利用，大幅度提高我国草地畜牧业的生产力，以缓解我国因水资源和耕地不足造成的粮食紧缺，增强我国农业可持续发展后劲。

3. 放牧方式的选择　放牧方式的选择主要依据草地的面积、地形、植被状况、季节和羊群大小等决定。其主要形式有以下三种。

（1）围栏放牧　是指根据地形把放牧场围起来。在一个围栏内，根据牧草所提供的营养物质数量结合羊的营养需要，安排一定数量的羊只采食。羊只在栏内自由采食一段时间，又被驱赶到另一栏内，这种放牧方式也叫围栏轮牧。羊在同一围栏内的放牧时间间隔叫放牧周期。

（2）小区轮牧　又称分区轮牧。是指在划定季节牧场的基础上，根据牧草的生长、草地生产力、羊群的营养需要和寄生虫危害情况，将放牧地划分为若干个小区，羊群按一定的顺序在小区内进行轮回放牧。羊群在一个小区的放牧时间限定在6天以内，这样可以减少寄生虫的感染，因为羊体内虫卵随粪便排出体外，约需6天才可发育成具有感染力的幼虫。小区轮牧可减少羊只游走所消耗的热能，加快生长速度。放牧周期的确定主要取决于牧草再生速度。一般来说，在温暖地区和温暖季节采取短期轮牧，在寒冷地区或寒冷季节，则采取长期轮牧。短期轮牧时，春季为10～15天，夏季为20～30天，冬季为35～40天。长期轮牧时，春、夏、秋、冬季节分别为21～30天，35～40天，60～70天和80天以上。在确定轮牧周期的天数之前，先测定草场产草量，再确定放牧的绵、山羊数量和轮牧周期。

(3)自由放牧 是草地缺乏的农区或半农区的小群放牧的主要形式。

4. 放牧技术

(1)放牧羊群的队形与控制 常见的羊群队形有一条鞭、满天星和背着放、抱着放、拐着放等。生产中可根据地形和放牧时间灵活运用，随时变换。

①*一条鞭放牧法* 是利用羊只都愿意吃头排草的特点，把羊排在一条横线上，让羊群形成齐头并进吃草的队形。每只羊都能吃到好草，而且食欲高吃草快。在牧草茂盛的地方和在早晚天气凉爽的时候，多采用这个队形。

②*满天星放牧法* 是在宽敞的牧地上，让羊群形成均匀地分散、自由地采食的队形。放牧羊只大部分时间都呈这种队形。在这种队形中，羊与羊之间的距离大，空气流通。在天热或羊已吃到半饱而不乱跑时，多采用这种队形放牧。在阴雨天羊被淋湿后，使用这种队形放牧，羊毛干得快，羊不易生病。

③*背着放* 是指牧工在羊群前边领着放或压住羊不让羊

乱跑，在山区或小块牧地上放牧多采用这种队形。

④抱着放　是指牧工在羊群后边赶着羊群向前走。晚间收牧或在热天放牧，羊不爱走路时多采用这种队形。其优点是可照看到每只羊，防止丢失。

⑤拐着放　是指牧工在羊行走的侧面来回跑动赶羊走。可以前后照顾管住羊，不允许羊乱跑，在狭窄的道路或田间地边放牧时多采用这种队形。

不管采取哪种放牧方式，牧工都必须做到“三勤”（腿勤、眼勤、嘴勤）、“四稳”（出牧稳、放牧稳、收牧稳、饮水稳）、“四看”（看地形、看草场、看水源、看天气），宁为羊群多磨嘴，不让羊群多跑腿，保证羊一日三饱。

（2）四季放牧技术要点　民间总结出的许多放牧经验都值得我们借鉴。如“春放阴，夏放阳，七八月份放沟塘，十冬腊月放撂荒”。

①春季放牧　“三月（农历）羊好似纸糊的墙”。春分到立夏这个阶段，是羊很瘦弱的阶段。羊经过漫长的枯草期，还要怀胎产羔和泌乳，夏、秋季节在体内积存的营养物质大部分被消耗，体质下降，很容易受寄生虫侵袭，护理不当很容易趴窝死亡。因此，初春时放牧要控制羊群，挡住强羊，看好弱羊，防止“跑青”，选择阴坡或枯草高的牧地放牧，并给予适当补饲。做到“勤看、勤数和勤圈”。待牧草长高后，可逐渐转到返青早、开阔向阳的牧地放牧。到晚春，可抢青放牧并勤换牧地（2～3天换1次），以尽快恢复体质。在春季，瘦弱的羊应单独组群，适当予以照顾；带羔母羊和待产母羊应留在羊舍附近较好的草地上放牧，若遇天气骤变，可及时赶回羊舍。羊舍附近最好种植一定面积的1年生黑麦草，由于黑麦草返青早，在青黄不接的初春季节可供羊群采食（如每日采食1～2小时），特别是

可供瘦弱羊、带羔母羊和待产母羊采食。

春季羊体力差，放牧时容易掉队和滚坡。因此，一定要采用背着放的形式，压住强壮羊，迁就瘦弱羊，不让瘦弱羊因追赶强壮羊而被拖死。

②夏季放牧　夏季牧草茂盛，营养价值高，是羊抓膘的好时期。但此时气温高，多雨，湿度较大，蚊蝇较多。可选择高燥、凉爽、饮水方便的牧地放牧，以避免气候炎热、潮湿、蚊蝇骚扰对羊群抓膘的影响。应早出牧，晚收牧，中午天热要大休息，延长有效放牧时间。同时，保证充足饮水，补充食盐和其他矿物质。有条件的地方可实行 1 天 2 次放牧法，即早、晚 2 次出牧，中午在羊舍休息。

初夏阶段要加紧羊只训练，使羊只听从牧工指挥，少犯吃肥走瘦的毛病。俗话说得好："夏初训练好，常年吃得饱，夏初训练糟，一年到头吃不好"。"春天大撒羊，夏秋跑断肠，春天训羊忙几天，秋天放羊闲半天"。羊一旦养成"爱跑"的恶习，就很难改变。因此，应尽早对羊进行训练。

③秋季放牧　立秋以后，天气渐凉，各种植物的籽粒逐渐成熟，正是"立秋以后抢秋膘，吃上草籽顶上料"的大好季节。此时，应尽量延长放牧时间，中午可以不休息，使羊群多采食、少走路。对刈割草地或农作物收获后的茬子，可进行抢茬放牧。白露过后，牧草逐渐枯萎，羊群放牧管理可松一些，"九月九大撒手"。春放巧，秋放走；春天放在嘴上，秋天放在腿上。就是说秋天放羊要让羊多走些路，捡拣吃粮食和草籽。秋天羊吃干草和草籽容易口渴，要注意饮水。

④冬季放牧　冬天来临后，天寒地冻，牧草枯黄，营养变差，放牧的任务是保膘、保胎，使羊安全越冬。此时，对草场的选择原则是先远后近，先阴坡后阳坡，先高处后低处，先沟壑

后平地。严冬时，要顶风出牧，顺风收牧，收牧时间不宜太晚。冬季放牧应注意天气预报，以避免风雪袭击。妊娠母羊的放牧速度不宜快，要求不跳沟、不惊吓、出入圈舍不拥挤。在羊舍附近划出草场，以备大雪天或产羔期利用。另外，冬季羊群除放牧外，还要适当补饲。

(3)合理安排一天的放牧时间　放牧时间一定要充足。我国劳动人民总结出许多可供我们借鉴的经验和技术，如“若想羊吃饱，必在时间上找”；“早放阳，晚放阴，中午山岗找风间”；“放羊不要早，多放中午蔫巴草”；“日头一压山，羊儿吃草欢”；“早上把羊撒，不饱不回家”。当夕阳西下的时候，天气凉爽，羊感到要收牧了，会拼命吃草。应尽量利用这段时光，让羊多吃一会草。

另外，“羊靠回头草”，山羊都愿意抢吃新鲜草，很多质量稍差一点的草都被剩在草地上，久而久之，草地上优质草越来越少，差质的草越来越多，草地质量下降，对保护草地非常不利。而且“吃肥走瘦”对羊本身也是不利的。所以一定要放回头草，即在同一块草地上让羊来回吃两遍。如此，质量差一点的草也会被吃掉，羊也可少跑路，多吃草；少消耗，多产肉。但是在同一块草地上放牧时间太长也不好，因为牧草受粪尿污染有异味后，羊就不爱吃了，而且经过长时间踩踏会影响牧草的再生能力。因此，“羊靠回头草”绝不是短时间内在一块草地上的无限制重复放牧。

山区放牧最好不到太陡的高坡，虽然山羊不怕陡坡，可是陡坡上植被容易被山羊踏坏，不利于水土保持。羊上山要“盘道上山，顺垄入地”；“不要直爬陡坡，横垄过田”。盘道上山可边走边吃，不会造成体能的过多消耗和浪费。

总之，要尽量想办法让羊每天都能多摄取，少消耗，防止羊“吃肥了”，却“走瘦了”。

（二）舍 饲

1. 舍饲的特点 舍饲是用于肉羊短期育肥的主要措施，也是农区利用农作物秸秆发展养羊业的生产模式，使农作物饲料“过腹还田”、“过腹增效”。通过这样的生产模式，既能保护生态环境，发展生态农业，又能提高农副产品附加值，丰富羊肉市场，增加农民收入。同时，我们应当认识到舍饲养羊也存在某些缺点，实践中应予以正确处理。

（1）饲养成本高 在肉羊的饲养成本中，饲料费用占到60%～70%。舍饲羊场的饲料主要靠生产、加工或购买，自然加大了养殖成本。

（2）不利于绿色羊肉产品的生产 各种农作物秸秆、人工牧草作物和精饲料或多或少地残留有农药等有害物质。

（3）羊体质差 造成羊体质下降的原因很多，其中一个很重要的原因是缺乏运动。由于舍饲养羊改变了羊原来的游走觅食的生活习性，使其生理过程发生了一系列的改变，但人们往往忽视了这一变化，加之饲养管理的不完全到位，导致舍饲羊易出现体质下降问题。虽然舍饲羊场都有一定面积可供羊自由活动的运动场，但运动场不像田间地头、草地那样吸引羊游走采食。羊在运动场内所谓的自由运动越来越少，甚至运动场变成了卧息地。因此，舍饲羊易患下列疾病。

①营养性疾病 由于长期运动不足，母羊采食量逐渐减少，胃肠的分泌功能、蠕动功能下降，使消化、吸收功能减退。长期的胃肠诸多功能下降、减退，造成消化吸收不良、消瘦等。另外，舍饲羊可选择的饲料源非常有限，通常是人们喂什么，吃什么，而不是自由采食羊只所喜食的饲料。尤其是在冬、春

季节，如果不注意青绿多汁饲料的补充，就会出现严重的营养缺乏症，正常的生理功能受到影响。冬季产羔的母羊，如果营养缺乏，常在临产前半个月左右，出现后肢跛行或起卧困难，甚至卧地不起的现象。长时间的侧卧，造成被压迫侧胎儿发育不良，多胎的羔羊体质虚弱，难以成活。

②传染病　在舍饲条件下，或因营养供应不均衡，或因圈舍潮湿而利于病原体孳生和繁殖，或因拥挤增加了病原体传播机会，使羊易患干酪性淋巴结炎、李氏杆菌病和球虫病。

（4）**繁殖力下降**　长期舍饲并缺乏运动的母羊易出现不发情、发情表现不明显、情期经多次配种难以怀孕、分娩无力、早产、难产、羔羊孱弱（初生羔羊体质弱，不会站立，不会吮奶，呼吸、脉搏、体温均低于正常水平）、死胎等现象；种公羊过肥或过瘦，导致性欲降低、爬跨困难或不爬跨、射精量减少、精液稀薄、精子活力差等。

2. 肉羊舍饲技术

（1）**建立饲料基地，贮备足够的饲料**　饲料投入占肉羊养殖成本的60%～70%，因此，降低饲料成本是提高养殖效益的重要措施。作为肉羊养殖场或养殖户必须考虑种植玉米、黑麦草、苜蓿和多汁饲料。苜蓿是牧草之王，可制成青干草，供全年饲喂。全株玉米青贮饲料不仅可以补充青饲料的不足，而且成本低廉，便于贮存，也可供全年饲喂。1年生多花黑麦虽然属于禾本科牧草，营养价值和产草量都不算高，但春季返青早，适口性好，可作为羊的春季放牧地，也可制成青干草饲喂肉羊。多汁饲料包括瓜类（南瓜、饲用冬瓜等）、叶菜类（甘蓝、白菜等）和胡萝卜等，其中胡萝卜以适口性好、胡萝卜素含量高、易贮存等特点而更受欢迎。

（2）**科学饲养**　即饲料营养的合理调配与供给，不仅要考虑羊对饲料的数量需求，还要考虑其质量需求；不仅要考虑适口性，还要考虑投资成本；不仅要考虑不同年龄羊的生理特点，还要考虑当地饲料的资源条件。力求降低饲料成本，提高饲料转化效率。除羔羊外，所有羊的日粮中粗饲料应达到40%～60%，其中以优质青干草为主(应占粗饲料的50%左右)，任羊自由采食；青贮饲料的供给量为1.5～2.5千克，可占到粗饲料的30%左右。对规模化羊场来说，青贮饲料的供给是十分重要的，它不仅可以补充部分青饲料，还可降低饲料成本。繁殖季节的种羊和冬、春枯草季节舍饲或放牧羊均需补充胡萝卜，成年羊的补饲量为1～1.5千克。另外，还要注意矿物质饲料添加剂的有效补充。除了在配合饲料中添加必要的矿质元素外，可将富含各种矿质元素的舔块放在饲槽旁边，任羊自由舔食。食盐还可通过饮水供给。

舍饲条件下，羊为了争抢饲料，更容易发生打斗现象，往往是强羊更强，弱羊更弱。为了保证弱羊也能采食到足够的饲料，可在饲槽的上方安置一个可上下翻动的固定杆，当羊采食时，放下固定杆，将每只羊固定在采食的位置，采食结束后，将固定杆翻起并固定在饲槽的上方。

(3)调整羊群 入冬前要对羊群进行一次调整，坚决淘汰不孕及弱、病、残次羊，根据自己的具体条件确定饲养规模，搞好驱虫与防疫。不同年龄和生理状态的羊分别组群饲喂。

3. 肉羊舍饲应注意的问题

(1)少喂勤添，自由饮水 少喂勤添可使羊保持较高的食欲，并减少饲料浪费。应当在早晨6时至晚上9时这段时间内予以适当的间隔，而且不要集中在一天的某一时段。如果精饲料、青贮饲料和多汁饲料的饲喂量较大时，应当分2～3次供给。精饲料与粗饲料应间隔供给，青贮饲料和多汁饲料也应与青干草间隔饲喂，每次喂量不宜太多。舍饲肉羊的饲喂日程应根据饲料的种类和饲喂量安排，通常是先喂粗饲料后喂精料，精料又分早、晚两次供给。精料喂完后不宜马上喂多汁饲料或抢水喝，否则，羊胃严重扩张，逐渐变成“大腹羊”。舍饲羊同样需要休息和反刍时间，因此，不宜每天24小时都进食。

(2)保持食槽干净 羊是喜清洁动物，爱食新鲜清洁饲料，厌食饲槽中所剩余的饲料。因此，每次喂料(不论是粗饲料还是精饲料)前，必须清除槽中剩余的饲料。

(3)保持饲料组成的相对稳定 正常情况下，羊瘤胃微生物区系处于相对稳定的状态，如果突然改变饲料或饮用冰冷水，会打破瘤胃微生物区系的稳定性，病原体就会乘虚而入，引起羊消化紊乱。因此，如果需要改变饲料，应逐渐添新、减旧，使羊有一个适应过程。

四、不同类型羊的饲养管理

(一)种公羊的饲养管理

1. 种公羊的饲养 种公羊要求长年保持中上等膘情，健康，活泼，精力充沛，情欲旺盛。所喂的饲料要求营养价值高，富含蛋白质、矿物质和维生素A、维生素D、维生素E，而且易消化吸收，适口性好。饮水应清洁、无污染。非配种期除放牧外，每只每日补饲优质青干草1～2千克、青绿饲料2～3千克(或青贮1.5千克)、精料0.5～0.6千克。配种前1～1.5个月逐渐增加精饲料饲喂量。配种期精饲料的饲喂量达到体重的1%(0.8～1.2千克)，按早、中、晚3次供给，每日喂鲜鸡蛋2枚或鲜牛奶0.5千克。青干草和青绿饲料补饲量为1.7千克，应根据采食情况稍作调整。要特别重视胡萝卜素的供给，最好每日喂给胡萝卜0.5～1.2千克。

配种期公羊混合精料的参考配方为：玉米40%～50%，麸皮15%～20%，熟豆饼或炒黄豆20%～25%，菜籽饼(熟)5%～6%，棉籽饼(熟)5%～6%，骨粉或磷酸氢钙(脱氟)1%～1.5%，食盐1%～1.5%，肉羊添加剂或含硒微量元素添加剂1%～1.5%，碳酸氢钠0.5%～1%。

2. 种公羊的管理

(1)防止环境高温 高温不仅影响公羊的性成熟、性器官发育、性欲和睾酮水平，而且影响射精量、精子数、精子活力和密度等。据田允波(1994)报道，环境热应激可使公羊的活精子数由67%降低到35%，正常精子由73%减少到43%。

(2)保持圈舍干燥 不论气温高低，相对湿度过高都不利于家畜身体健康，也不利于精子的正常生成和发育。据报道，在35℃的高温下，相对湿度从57%升到78%，公羊体温上升0.6℃，睾丸温度上升1.2℃。潮湿可抑制阴囊皮肤的蒸发散热，从而影响精子的生成与发育。据武和平等人观察，波尔山羊在多雨、潮湿季节，性行为不活跃或受到抑制，精液品质下降。即使在秋末繁殖季节，过多的降水量也可导致公羊精液品质下降、母羊受胎率低或不能受孕。

(3)注意适当运动 饲养人员除了经常给公羊修剪蹄甲、梳理被毛、按摩睾丸外，还要定时驱赶公羊运动，舍饲公羊每日驱赶运动时间不低于4小时左右(早、晚各2小时)，以保持旺盛的精力。长期不运动或运动量不足的公羊精液品质下降。

(4)防止过度使用

①防止采精频率过高 有些羊场及农、牧户饲养的公羊全年采精，致使采精量和精液质量下降、采精困难。大量的研

究结果表明，公羊在不同采精制度条件下，其采精量和精子密度变化不明显。虽然增加采精次数可提高精子的生成水平，但连续采精 2 个月后就有所下降，且不能使排出的精子总数得到明显提高。很显然，这与利用附睾内贮存的精子有关。另一方面，每周采精次数较少的公羊性欲较高，而采精次数多的公羊性欲较差，而且这种差异随着采精时间的延长而越来越明显。过度采精配种可导致公羊性功能亏损，体质下降，缩短使用年限，严重者在 1～2 年内丧失性欲而被迫淘汰。

成年公羊在繁殖季节，每周可采精 10～15 次，即每天采精 2～3 次，5～6 天后应休息 1～2 天。在非繁殖季节，如深冬和仲夏，应让公羊充分休息，不采精或尽量少采精。公羊采精后应与母羊分别饲养，以减少精力浪费。

②防止过早配种　绵、山羊生长到一定年龄，生殖器官已发育完全，并出现第二性征，也具备了繁殖后代的能力，称为性成熟。羊性成熟的年龄因品种、营养、气候和个体发育等不同。一般绵、山羊公羊在 6～8 月龄性成熟，晚熟品种推迟到 8～10 月龄。性成熟的公羊虽然已具备了配种能力，却不宜过早配种，因为此时它们的身体正处于生长发育阶段，公羊过早配种可导致元气亏损，严重阻碍其生长发育。因此，公羊初配年龄应在 12 月龄左右，正式用于配种应当在 18 月龄以后。

（二）繁殖母羊的饲养管理

让适繁母羊多产羔、产好羔是实现肉羊高效养殖的重要条件之一，良好的饲养是实现这一目的的保证。

1. 空怀母羊的饲养管理

（1）空怀母羊的饲养　适中的膘情是实现高受胎率的基本保障，过肥过瘦都会影响其繁殖力的正常发挥。此时，母羊如果在良好的草地上放牧，可以不补饲，应通过延长放牧时间，增加营养的摄入量。如果放牧条件较差，应在配种前1～1.5个月，将母羊转入最好的草场放牧，每日补5～10克食盐和适量的微量元素添加剂。如果放牧条件太差，羊靠放牧不能饱食，每日应补混合精料0.2～0.3千克，使其达到中等以上膘情，以利正常发情排卵。在缺硒、缺碘地区，还应及时给羊提供硒碘盐或注射亚硒酸钠维生素E注射液。舍饲母羊，每日喂给青干草0.8千克，禾本科秸秆0.4千克，玉米青贮2.6千克，混合精料0.1千克。

(2)空怀母羊的管理

①防止过早配种　母羊一般在6～8月龄性成熟，早熟品种4～6月龄性成熟，但此时母羊体躯发育尚未成熟，由于母羊在怀孕和哺乳期间需要消耗大量营养物质，过早配种不仅影响其本身的生长发育，而且影响胎儿的发育，所产羔羊初生重小、体质弱、死亡率高。因此，发育良好的母羊可在8～10月龄开始配种。

②采取诱导发情技术　对空怀的适繁母羊可采取诱导发情技术。诱导发情是指在母羊乏情期内，借助生理调控技术诱导发情并进行配种，以期缩短母羊繁殖周期，变季节性配种为全年配种，实现密频繁殖和集中产羔。具体措施有以下几种。

A. 羔羊早期断奶　通过控制母羊的哺乳期，恢复其性周期的活动，提早发情，缩短产羔间隔。早期断奶的时间应根据不同的生产需要和断奶后羔羊的管理水平来决定，对2月龄前断奶的羔羊，要先解决好人工乳和人工育羔等方面的技术问题。2月龄后断奶的羔羊消化功能已得到一段时间的锻炼，饲喂易消化的精饲料和优质饲草就可以保证其身体的正常生长发育。

B. 公羊诱导　在母羊圈外放 1 只公羊，每天 2～3 次，每次 1～2 小时，或者每天将公羊放入母羊群 2～3 次，每次 1～2 小时，使公羊的气味、叫声对母羊起到刺激和诱导作用。在繁殖季节，这种做法的效果较好；在非繁殖季节，公、母羊混群后，相互没有新鲜感，公羊反而会表现性欲下降。

C. 激素处理　实践证明，先用孕激素预处理 10～14 天（放置阴道栓），在预处理结束（撤栓）前 1～2 天或当天肌内注射孕马血清 500～1 000 单位（约 10 单位/千克体重），可取得较好的处理效果。单独注射孕马血清也能引起卵泡发育和排卵，但发情表现较差。

③发情鉴定与配种适期

A. 发情鉴定　母羊的发情表现与膘情、年龄、光照等因素有关。一般来说，在日照逐渐缩短、气温较凉爽的秋季，青壮年母羊发情表现较明显，发情持续期可达 48 小时以上，而老龄羊、瘦弱羊及部分处女羊发情表现不太明显，而且持续时间较短。冬季气温偏低时，羊发情表现较差。应强调指出的是，羊个体间表现差异较大，少数羊表现为安静发情。因此，在绵、山羊繁殖季节，饲养员应勤观察，每天早晚用试情公羊试情，并根据行为表现、外阴部变化和阴道内表现对适宜配种时间做出判断。

B. 适期配种　母羊的适期配种是提高母羊受胎率的重要条件。从理论上讲，配种应在排卵前几小时或十几小时内进行，才能获得较高的受胎率。但是，由于排卵时间很难准确判断，因此，一般多根据母羊发情开始的时间和发情征兆的变化来确定配种的适宜时间。同时，采用人工授精重复配种技术来提高母羊的受胎率。羊配种的最佳时间是母羊发情开始后 18～24 小时，这时子宫颈口开张，容易进行子宫颈内配种输精。

一般可根据阴道流出的粘液来判定发情的阶段。粘液呈透明粘稠状即是发情开始，颜色为白色即到发情中期，如已浑浊呈不透明的粘胶状，则到了发情晚期，此时是配种输精的最佳时期。但一般母羊发情的开始时间很难判定。根据母羊发情晚期排卵的规律，可以采取早晚两次试情的方法挑选发情母羊。早晨选出的母羊下午输精1次，第二天早上再重复输精1次；晚上选出的母羊第二天早上第一次输精，下午重复输精1次，这样可以大大提高受胎率。

2. 妊娠母羊的饲养管理 肉羊一般具备产羔率高、羔羊初生重大等特点，因此，必须保证母羊在妊娠期获得足够的营养。

(1)妊娠母羊的饲养

①妊娠前期 即母羊妊娠期的前3个月。这时胎儿发育较慢，营养的需要量无明显增加，此期的饲料质量要好。在良好的放牧条件下，母羊可补饲少量精料或青干草，如果能延长放牧时间，保证羊日食三个饱，可以不补饲。如果是舍饲，日粮配比与饲喂量与空怀期相同。

②妊娠后期 即母羊妊娠期的后2个月。这一阶段，胎儿发育较快，羔羊初生重的80%～90%是在这一阶段完成的，因此，对妊娠后期母羊不仅要饲喂足够的蛋白质饲料，还要补充钙、磷及其他矿质元素和脂溶性维生素，尤其是对多产母羊更要注意营养的合理搭配和补充。如果母羊缺乏营养，会出现流产、死胎、羔羊初生重小、成活率低或母羊产后瘫痪、缺奶等现象。这一阶段，除了抓好放牧管理外，应补饲混合精料0.4～0.6千克，夜间补饲优质青干草，任其自由采食。冬春季节，如果缺乏优质青干草(如苜蓿干草)，每日应补饲胡萝卜1千克。母羊舍饲时，每天喂给青干草1千克，禾本科秸秆0.4千克，

青贮玉米 2.5 千克，精饲料 0.3 千克。

母羊补饲精料中各种原料的参考用量为：

玉米 50%～70%，麸皮 10%～20%，熟豆饼 15%～20%，熟菜籽饼 5%～6%，熟胡麻饼或棉籽饼 5%～6%，骨粉或磷酸氢钙（脱氟）1%～1.5%，微量元素添加剂 1%～1.5%，食盐 1%～1.5%。

（2）妊娠母羊的管理　在妊娠母羊管理上，前期要防止发生早期流产，后期要防止母羊由于意外伤害而发生早产。应避免羊群吃冰冻饲料和发霉变质饲料，不饮冰碴水；防止羊群受惊吓，不能紧追急赶，出入圈时严防拥挤；要有足够数量的草架、料槽及水槽，防止喂、饮时因拥挤造成流产。母羊在预产期前 1 周左右，可放入待产圈内饲养，适当进行运动。

（三）助　产

一般来说，绵、山羊的分娩较其他家畜容易，尤其是放牧羊很少出现难产。因此，在正常情况下，人们不必过多地干涉。但在舍饲条件下或羊体况较差时易出现难产，通常为了保证母羊和羔羊的安全，分娩前应做好助产的准备工作。助产人员应随时注意监视母羊的分娩情况，护理好羔羊。

1. 助产前的准备

（1）接产室的准备　在集中舍饲条件下，应设有接产室或在舍内开辟专用分娩栏，并在使用前进行严格消毒，铺上干燥、清洁的垫草。室内的温度保持在 5℃～10℃，温度过低的产房应添置取暖设备。在温暖的产房内产羔，可以降低羔羊的死亡率，并对下一步的羔羊早期培育也十分重要。

（2）待产母羊的处理　将有分娩征兆的母羊放入接产室，每只母羊应占有 2 平方米的面积。产前的母羊可饮淡盐水或喂给麸皮等轻泻性的饲料。同时，将其外阴部清洗干净并予以消毒。

(3)助产用具的准备 产羔期间应备好产箱，箱内应备有碘酒、药棉、线绳、剪刀、毛巾、纱布条等。

(4)助产人员的准备 助产人员应受过专门培训，熟悉母羊分娩生理规律。

2. 助产方法

(1)助产准备 当母羊出现分娩征兆后，注意做好产前的准备工作，助产人员要剪短指甲、洗净手臂并进行消毒。有条件的可戴上长臂乳胶手套，观察母羊分娩进程，检查胎位是否正常。

(2)难产处理 胎位不正时，可先将胎儿露出部分推回子宫，再将母羊后躯抬高，伸手入产道，矫正胎位，随着母羊努责，拉出胎儿。胎儿过大时，可将胎儿的两前肢反复拉出和送入，然后拉出。

3. 助产时注意事项

第一，在矫正和牵引过程中，一定要分清羔羊的前后肢或双羔不同胎儿的前后肢。必须保证所牵引的是同一胎儿的前肢或后肢。

第二，助产过程中，如果发现产道干燥，可向子宫内注入消毒温肥皂水，并在产道内涂上无刺激性润滑油剂，然后再行牵引救助。

第三，如果确因胎儿过大而不能拉出，可采用剖腹术或截胎术。

第四，助产完成后，向母羊子宫注入抗生素，并肌注缩宫素。

4. 假死羔羊的处理 羔羊产出后，身体发育正常，心脏仍有跳动，但不呼吸，这种情况称为假死。羔羊假死主要原因是吸入羊水、子宫内缺氧、分娩时间过长和受冻等。出现这种情况时，一般可采用下列两种方法复苏。一种是提起羔羊两后肢，使羔羊悬空并拍击其胸、背部；另一种方法是让羔羊平卧，用双手有节律地推压胸部两侧。短时间假死的羔羊，经处理后，一般可以复苏。因受凉而造成假死的羔羊，应立即移入暖室进行温水浴，水温由38℃逐渐升到45℃。水浴时，应注意将羔羊头部露出水面，严防呛水，同时结合胸部按摩，浸20～30分钟，待羔羊复苏后，立即擦干全身。我国北方农户常常将这类假死羔羊放在热炕上或铺有电热毯的床上加温保暖，也取得了较好的复苏效果。

5. 产后母羊的护理 母羊在分娩过程中失水较多，新陈代谢功能下降，抵抗力减弱。此时如果护理不当，不仅影响母羊的健康，使其生产性能下降，而且还会直接影响到羔羊的哺乳。

（1）检查胎衣 仔细检查胎衣是否完整，有无病变。如果发现异常，应及时报告兽医。

（2）注意产房环境 产后母羊应注意保暖、防潮，避免贼风，预防感冒，并使母羊安静休息。

（3）注意供给温水和易消化的饲料 产后1～2小时，给母羊饮用加少许食盐和麸皮的温水、米汤或豆浆，但不宜过多，更不能饮冷水。然后喂给优质易消化的青干草和胡萝卜等多汁饲料。精料不宜过多，可减至原饲喂量的70%左右，1周后逐渐恢复并增加饲喂量。

（四）羔羊培育

1. 羔羊的生理特点

（1）消化特点 羔羊出生时，前3个胃的容积较小，起主要作用的是皱胃。这时羔羊没有消化粗纤维的能力，初生羔羊能依靠吮乳来满足营养需要。羔羊采食干料后，瘤胃和网胃迅速增大，约在6周龄时开始反刍，7周龄时瘤胃的功能接近成年羊，但瓣胃发育较缓慢。断奶前的羔羊吮取的乳汁经过由瘤胃、网胃壁的内膜折叠形成的食道沟直接进入皱胃。羔羊如果仅靠吮乳生存，就会延迟前胃的发育。因此，早期给羔羊补饲容易消化的植物性饲料，能刺激前胃的发育。以饮水的方式哺乳时，羔羊不是抬头而是低头，这种姿势不利于食道沟的闭合，常常会使乳汁进入瘤胃而不是绕过瘤胃进入皱胃，乳汁在瘤胃中的消化吸收效率比在皱胃中差。因此，实践中用桶哺喂羔羊的效果不如哺乳器好。

(2)**生长发育特点** 初生羔羊肌肉生长速度比骨骼快，随着体重的不断增长，肌肉和骨骼重量差距逐渐增加。不同部位肌肉重量与年龄有一定关系，后肢肌肉在初生时发育已较完全，在以后的生长期，后肢肌肉占全身肌肉的比例逐渐下降，颈部、背腰、肩部肌肉的比例则逐渐增加。从初生到12月龄期间，脂肪积累较慢，但比骨骼生长稍快，以后积累速度加快。在生长过程中，脂肪占胴体的比重持续增加，年龄越大，脂肪的比重越高。刚出生的羔羊骨骼已能负担整个体重，四肢骨的相对长度比成年羊高，可以保证生后能随母羊吮乳。出生后，骨骼生长比较稳定，随着月龄的增加，骨骼所占比重会持续下降。

(3)**对环境的适应特点** 初生羔羊的体温调节能力较差，对外界温度的变化很敏感。由于幼羔一般热调节功能还未发育完善，体脂和糖原的贮量少，代偿性的代谢率较低，皮下脂肪薄，每单位体重的表面积较大，其体温很容易受气温的影响。温度过低，可诱发羔羊患感冒、肺炎、支气管炎等疾病，严重时，可导致羔羊体温下降，甚至死亡。环境温度过高同样对羔羊的生存和发育有害。羔羊的等热区较狭窄，气温升到30℃以上时，脉搏和呼吸加快，体温升高，甚至出现死亡。高温、高湿环境有利于病原性真菌、细菌和寄生虫的孳生和繁殖，可使羔羊的抵抗力减弱，发病率和死亡率上升，尤其易患呼吸道和消化道疾病（如肺炎、羔羊痢疾等）。另外，羔羊尤其是新生羔羊的圈舍温度保持相对稳定是至关重要的。温度突然变化和频繁变化不仅容易引起羔羊呼吸道和消化道疾病，还可引起羔羊应激性死亡。

2. 幼羔培育

（1）重视羔羊先天发育 培育羔羊的目的是让更多的羔羊不仅具备较好的生活力，而且具备最佳生产潜力。这就要求我们必须从羔羊的先天发育抓起，直至整个生长过程。

①合理安排配种和产羔时间 在北方地区，每年4月份环境气温变化较大，羔羊死亡率相对较高。因此，生产上尽量将产羔时间安排在1～3月份，避免羔羊产在“黑色四月”。

羊的妊娠期一般为150天左右。母羊妊娠后，为做好分娩前的准备工作，应推算产羔期，即预产期。推算办法是：配种月份加5，配种日期减2。如果配种月份加5超过12个月，将年份推迟1年。即把该年月份减去12个月，余数就是来年预产月。如一只羊是2002年10月8日配种，预产期为10＋5－12＝3（月），8－2＝6（日），这只母羊的预产期就是2003年3月6日。

②抓好妊娠母羊的饲养管理 母羊在怀孕期获得足够而合理的营养，所生的羔羊出生体重大，体质健壮，抗病力强，容易管理（见怀孕母羊饲养管理一节）。

（2）做好新生羔羊饲养 出生1周以内的羔羊叫新生羔

羊。这一阶段的羔羊惟一的营养源是初乳。初乳也是新生羔羊必需的不可代替的食物。

①*初乳有利于羔羊生长* 这是由于初乳中营养成分含量丰富。其中干物质含量高达27%,蛋白质总量达13.1%,是常乳的3倍多;而且氨基酸组成全面,必需氨基酸含量是常乳的3～4倍;脂肪含量高达9.4%,是常乳的2倍多;维生素的种类齐全,数量充足,其中维生素A是常乳的10倍,维生素D是常乳的100倍,矿物质含量也较丰富。另外,初乳中含有高浓度的多种激素和生长因子,如表皮生长因子(EGF)可刺激胃肠组织生长,还能调控肠细胞分化。

②*初乳可提高羔羊的抗病力* 一方面由于浓稠的初乳附着在尚无粘膜的胃肠壁,不利于有害细菌的繁殖,因此,可替代粘膜作用,防止细菌侵入。另一方面,由于初乳中含有抗原凝集素,能抵抗特殊品系的大肠杆菌;同时,血液中会出现免疫球蛋白,可有效地抑制病原菌的活动,从而对羔羊的健康起到积极的保护作用。

③*初乳具有助消化和轻泻作用* 羔羊吃到初乳后,可使胃肠道及早分泌大量的消化酶,有助于消化和吸收。同时,由于初乳中含有较多的镁盐,有轻泻作用,可以清除肠道有害物质和促使胎粪排出。

新生羔羊的吮乳次数通常不需限制,但要注意对母羊两侧乳头的均匀吮乳,特别是在产单羔的情况下,如果羔羊只吮母羊一侧乳头,可导致另一侧乳头发炎。另外,要观察母羊的产奶量是否可满足羔羊的需要。如果发现羔羊拱腰咩叫、肚子凹扁、无精打采、被毛蓬松等,就要考虑到羔羊可能未吃饱,必须采取补救措施。一方面,为羔羊寻找保姆羊,缓解当时的羔羊缺奶之困难;另一方面,努力挖掘母羊的泌乳潜力,通过调节日粮结构，如补充多汁饲料和蛋白质饲料，饮用熟豆浆等提高营养水平来增加产奶量。新生羔羊应与母亲同圈，对弱羔、弃羔应通过寻找保姆羊或人工哺乳等办法，使其吃饱。

(3)做好新生羔羊的护理

①环境条件的调控

A. 环境温度　首先要做好初生羔羊的保暖防寒工作。羔羊出生后，要让母羊尽快舔干羔羊身上的粘液，母羊舔羔既利于羔羊体温调节和胎粪排除，又利于母羊胎衣排除。如果母羊不舔羔，可在羔羊身上撒上麸皮，诱导母羊舔干。产房地面要铺垫清洁、柔软的稻草或麦秸，北方地区在寒冷的季节采取烧火墙等措施予以加温，使产房和育羔室的温度保持在15℃～20℃。新生羔羊可放在火墙边，使其免受冷刺激。吃上初乳后的羔羊要注意运动锻炼，逐渐适应10℃左右甚至更低的圈舍环境温度，但不应低于5℃。不论什么季节，保持圈舍温度的相对稳定最为重要，因为圈舍温度的突然变化可诱发各种疾病，并导致羔羊死亡。另外，要防止贼风侵袭羔羊。

B. 环境湿度　潮湿是对羔羊威胁性很大的环境不良因素。圈舍湿度过高，容易诱发羔羊多种疾病，如呼吸道病、消化道疾病。因此，羔羊舍应常换垫褥草或干土，保持地面清洁、干燥。

C. 环境卫生　肮脏的圈舍地面和污浊的空气都不利于羔羊的健康生长。因此，产羔前应对圈舍进行彻底清扫与消毒，产羔后，要定时清扫污物并保持羔羊舍空气流通。

②常见病防治　羔羊出生后，由于生活条件的突然变化，会出现一些病症。在这个时期，必须加强护理，发现异常及时诊断治疗(详见本书第六章)。

3. 哺常乳期羔羊的饲养管理

(1)哺常乳期羔羊的饲养　常乳期是指产后1周至断奶

前的羔羊。对自然断奶的羔羊来说，哺常乳期通常为4个月左右，如果实行早期断奶，情况就有所变化。在7周龄前，羔羊的瘤胃功能还不健全，营养来源主要是羊奶，羔羊每昼夜的吮乳量以不低于体重的16%为宜。羔羊40日龄时，吮乳量达到最高峰。这一阶段的羔羊如果出于某种原因，需要进行人工哺乳，最好采用哺乳器饲喂法，使羔羊吮取的乳汁经过由瘤胃、网胃壁的内膜折叠形成的食道沟直接进入皱胃。如前所述，如果用饮水的方式哺乳，羔羊不是抬头而是低头，这种姿势不利于食道沟的闭合，常常会使乳汁进入瘤胃而不是绕过瘤胃进入皱胃，乳汁在瘤胃中的消化吸收效率比在皱胃中差，因此，用桶哺喂羔羊的效果不如哺乳器好。

人工哺乳可用羊奶、牛奶、脱脂奶或代乳品。饲喂时，应注意下列问题。

第一，定时。合理安排昼夜哺乳时间。1月龄内羔羊，每3小时喂1次；1～2月龄时，可减至每日4次；2～3月龄时，减为3次；3月龄后，减为每日1～2次。随着月龄的增加，逐渐减少喂奶次数，适当增加每次的喂量。

第二，定量。羔羊的喂量以满足营养需要为前提，过多可引起消化不良，甚至腹泻，过少则营养不足，影响羔羊的生长发育。初期每只羔羊每次喂250克左右，可根据个体、运动量和年龄大小酌情增减。一般说来，每昼夜的哺乳量以不低于体重的16%为宜。

第三，定温。人工哺喂的奶温应接近或稍高于母羊体温为宜，即以38℃～42℃较好。

第四，定质。哺喂羔羊的奶汁要求新鲜、清洁，以刚挤出的鲜奶最好。对于低温保存的奶品，喂前应进行加温和搅拌，使乳脂混合均匀。

第五，定期消毒。为了防止疾病发生，每次喂饲的用具，必须用清水冲洗干净，每隔 2 天用沸碱水消毒 1 次或置于紫外线灯下照射 1 小时。

这一阶段的羔羊如果仅靠吮乳生存，就会延迟前胃的发育。因此，早期给羔羊补饲容易消化的植物性饲料，能刺激前胃的发育。10 日龄时，可供给易消化的细脆优质干草或叶片，任其自由采食。20 日龄开始，喂给易消化的混合料。混合料最好制成颗粒，以易消化的玉米、麸皮为主，另加炒黄豆、食盐、矿质元素添加剂，还可混入 5%～10%草粉（如苜蓿粉），要尽量避免使用菜籽饼、棉籽饼等。混合料的蛋白质含量应为 20%以上。补饲混合料的初期，可让羔羊自由采食，习惯后，需限制饲喂量。40 日龄前，每昼夜的饲喂量为 50～60 克，60 日龄可增至 100～120 克，90 日龄可增至 200～250 克。混合料应当逐渐增加饲喂量，而且每天分为 2～3 次供给。一次饲喂易导致消化不良或腹泻，严重时，可出现酸中毒。

哺乳羔羊的配合饲料颗粒配方：玉米 53%，炒麸皮 15%，炒黄豆 20%，红糖 0.5%，苜蓿粉 8%，磷酸氢钙（脱氟）1.5%，含硒微量元素添加剂 1% ，食盐 1%（周占琴等，1999）。

羔羊圈舍要放置清洁饮水，任其自由饮用，尤其是高温季节，羔羊不能缺水，否则食欲下降，血液循环和体温调节不能正常进行，生长受阻，甚至死亡。冬天饮水应加温至 10℃～20℃，不能饮冰冷水。

（2）哺常乳期羔羊的管理 这个阶段羔羊的管理主要是锻炼其生存能力。除了注意圈舍温度和湿度外，还要注意运动和环境卫生管理，防止疾病发生。

①注意运动 羔羊喜运动，运动也可以提高羔羊的健康

水平。因此，羔羊舍外要有运动场，每天驱赶羔羊到运动场运动，即使在寒冷的季节，也要让羔羊有机会到舍外运动和晒太阳，运动量不宜太大，更不能进行剧烈运动。

②环境卫生管理

一是环境卫生不仅包括圈舍地面卫生，还应当包括空气卫生和饲料与饮水卫生。羔羊舍要及时清理粪便等垃圾，不要乱扔塑料袋、玻璃碴。

二是要定期对地面进行喷雾消毒，防止病菌繁殖。地面干净也是保持空气清洁的主要措施，如粪便及时清除可减少空气中氨的含量，清扫圈舍时，最好将羔羊赶至另一圈舍或运动场，防止羔羊吸入更多的灰尘颗粒，引起呼吸道疾病。

三是饲料和饮水首先要确保来源干净，其次是贮存和使用要得当。饲料要贮存在干燥处，防止霉变。饮水不要久存或曝晒，防止污染。饲料和饮水都要少添、勤换，容器要经常清洗。

4. 断奶羔羊的饲养管理

（1）断奶羔羊的饲养　羔羊断奶前的饲养管理效果直接影响到断奶的成功与否。如果羔羊在断奶前经过早开食、早喂精料和放牧锻炼，断奶时，可在适当放牧运动的条件下，分2～3次供给粗蛋白质含量为16%～18%的易消化配合精料100～200克(以粪便无变化为宜)，夜间供给优质青草或青干草，任其自由采食。这一阶段除了控制精料饲喂量外，水、草不应限制。放牧的运动量不能太大，最好在羊场周围预留的人工草地(以豆科草与禾本科草混合播种为宜)上放牧。断奶羔羊配合料中尽量不用菜籽饼、棉籽饼等含有毒物质的饲料，豆饼必须炒熟或用炒黄豆代替。断奶羔羊饲料组成是：炒黄豆30%，麸皮(可炒熟)10%，玉米46%，苜蓿粉5%，大麦(压扁)

5%，奶粉 0.5%，红糖 0.5%，骨粉 1%，食盐 1%，含硒微量元素添加剂 1%。

（2）断奶羔羊的管理 羔羊应在 3 月龄时断奶，但为了加快繁殖速度，且羔羊作商品用，可在 2 月龄时提前断奶。这一阶段的管理重点是防止断奶应激死亡和疾病发生。

从计划断奶开始，逐渐减少哺乳次数，从每天 2～3 次，逐渐减到每天 1 次。经过 1～2 周的适应锻炼，再彻底断奶。断奶后的羔羊应单独组群，近距离放牧。放牧归来的羔羊应在夜间补饲混合精料 100～200 克，并供给优质青干草，任其自由采食。舍饲羔羊，日粮应以细脆而营养丰富的混合青干草（如苜蓿、燕麦等）为主，逐渐增加精料饲喂量。其饲喂量以粪便无变化为宜，每天分 2～3 次供给。

（五）育成羊的饲养管理

育成羊是指断奶后到第一次配种的公、母羊。由于品种、饲养方式、日粮营养水平、断奶时间和饲养环境的差异，育成期的范围也有很大差异，如早熟品种绵羊 7～8 月龄性成熟，晚熟品种可能延迟到周岁后。肉山羊 5～6 月龄性成熟，8～10 月龄便可配种。

1. 育成羊的生理特点

（1）生长旺盛 育成羊全身各系统和各组织器官都处在继续旺盛生长发育阶段，与骨骼生长发育密切的部位仍在迅速增长，体型继续增大，体重不断增加。

（2）对饲料要求严格 日粮中精饲料的粗蛋白质水平应提高到 15%～16%，混合精料中的能量水平应不低于整个日粮能量的 70%～75%。

（3）生殖系统发育快并逐渐成熟 大多数品种母羊 8～

10月龄时就基本具备繁殖功能。

2. 育成羊的饲养 断奶后的羊正处于身体长度、宽度生长加快的阶段，必须供给足够的蛋白质、维生素和矿物质。此时如果营养不足，可造成其终生缺陷，如体狭而浅、体格较小、体重较轻等。因此，对断奶后的育成羊不要断料，即使在放牧时也应继续补料。

公、母羊在发育近性成熟时应分群饲养。进入越冬期，应以舍饲为主，放牧为辅，每天每只羊应补喂混合精料 0.2～0.5千克。公羊的饲料定量应高于母羊。最理想的饲料是豆科干草、青贮料、青干草和混合精料。充足的营养和适当的运动，即可培育出发育良好、体质健壮的肉羊。

3. 育成羊的饲养方式

(1)舍饲 羔羊断奶后，容易出现断奶应激和营养不足问题。粗饲料应以优质豆科青干草为主，另一半为青绿饲料、多汁饲料和青贮饲料。混合精料中所含的可消化粗蛋白质应占到15%左右，日饲喂量由150克逐渐增加到400克。

育成羊常用的混合精料配方：玉米52%，麸皮20%，豆饼15%，菜籽饼5%，棉籽饼5%，尿素1%，食盐1%，矿质元素添加剂1%。

(2)放牧饲养 育成羊如果有良好的草场进行放牧，适当补充混合精料，既有利于发育又可降低饲养成本。晚上可在饲槽中放上优质青干草，任其自由采食。同时注意食盐和矿物质饲料的补充，最好在饲槽中放置盐砖，任其舔食。

(3)半放牧半舍饲 这是培育育成羊最好的饲养方式。育成羊可呼吸到新鲜空气，充分运动，接受阳光照射，采食多汁青绿饲料，不仅有助于提高羊群质量，而且可以降低饲养成本。放牧饲养的4～7月龄羊，每天应补给混合精料200～350

克，放牧后应注意供给充足的饮水，补充食盐和其他矿物质饲料。

4. 育成羊的管理

(1)断奶后管理 羔羊断奶后，它们对饲料的消化吸收能力还不强，如果饲喂大量鲜嫩青草或多汁饲料都会引起腹泻等疾病，所以青干草与青绿多汁饲料应各占一半。精料必须满足供给，但如果饲喂量过多可引起消化不良或导致酸中毒。这一阶段要完成主要疫病的免疫接种和驱虫工作，同时防止羔羊肺炎、大肠杆菌病、羔羊肠痉挛等发生，尤其要注意球虫病和肠毒血症的预防。如果这一阶段管理不当，羔羊不仅膘情下降，还会出现严重死亡现象。

(2)性成熟期管理 这一阶段的育成羊要按性别单独组群饲养，防止早配现象发生。要注意运动锻炼，促进育成羊健康发育，保持中等膘情。过肥的育成羊，日后产羔和哺乳性能都比较差。

(3)配种期管理 确定初配年龄，是种羊合理使用的第一关键环节。过早配种，影响育成羊的生长发育，使种羊的体型小，使用年限缩短；晚配使育成期延长，影响种羊的养殖效益。一般认为，育成母羊体重达到成年体重的70%～75%时，可开始配种。公羊最好在1.5岁后开始使用，早熟品种公羊的初配年龄可以提前到1岁左右，但应限制使用。

五、肉羊育肥技术

在不影响肉羊正常消化吸收前提下的一定范围内，供给的营养物质越多，所获得的日增重就越高，单位增重所消耗的饲料就越少，出栏的日期也可以提前。因此，为了保证肉羊的快速育肥，必须供给高于维持和正常生长发育所需要的营养。如果希望得到含脂肪少的羊肉，则育肥前期日粮中热能不可太高，而蛋白质饲料应充分满足，到育肥后期再提高热能。不同品种的羊在育肥期对营养的需求量也不相同，非肉用品种羊（如地方品种）所需的营养物质高于肉用杂种羊。

（一）影响肉羊育肥的因素

影响肉羊育肥效果的因素很多，主要包括品种与类型、年龄与性别、饲养管理和季节等。

1. 品种与类型　不同品种肉羊增重的遗传潜力不一样。在相同的饲养管理条件下，专门肉用绵、山羊品种如杜泊羊、萨福克羊、夏洛莱羊、波尔山羊及其改良羊的育肥效果通常好于本地绵、山羊品种。杂种羊的生长速度、饲料利用率往往超过双亲品种。因此，杂种羊的育肥效果较好。小型早熟羊比大型晚熟羊、肉用羊比乳用羊及其他类型的羊，能较早地结束生长期，及早进入育肥阶段。饲养这类羊不仅能提高出栏率，节约饲养成本，而且还能获得较高的屠宰率、净肉率和良好的肉品品质。因此，育肥时最好选择小型早熟肉用品种或杂种肉羊。

2. 年龄与性别　肉羊在 8 月龄前生长速度较快，尤其是断奶前和 5～6 月龄时生长速度最快。10 月龄以后生长逐渐减缓。因此，当年羔羊当年屠宰比较经济。如果继续饲养，生长速度明显减缓，而且胴体脂肪比例上升，肉质下降，养殖效益越来越差。

羊的性别也影响其育肥效果。一般来说，羔羊育肥速度最快的是公羊，其次是羯羊，最后为母羊。阉割影响羊的生长速度，但可使脂肪沉积率增强。母羊（尤其是成年母羊）易长脂肪。

3. 饲养管理 饲养管理是影响育肥效果的重要因素。良好的饲养管理条件不仅可以增加产肉量，还可以改善肉质。

（1）营养水平 同一品种羊在不同营养水平条件下饲养，其日增重会有一定差异。高营养水平的肉羊育肥，日增重可达300克以上；而低营养水平条件下的羊，日增重可能还不到100克。

（2）饲料类型 以饲喂青粗饲料为主的肉羊与以谷物等精料为主的肉羊相比，不仅肉羊日增重不一样，而且胴体品质也有较大差异。前者胴体肌肉所占比例高于后者，而脂肪比例则远低于后者。

4. 季节 羊最适生长的温度为25℃～26℃，最适季节为春、秋季。天气太热或太冷都不利于羔羊育肥。气温高于30℃时，绵、山羊自身代谢快，饲料报酬低。但对短毛型绵羊来说，如果夏季所处的环境温度不太高，其生长速度可达到最佳状态。

（二）羔羊育肥技术

羔羊出生后1岁内，完全是乳齿的羊屠宰后的肉称羔羊肉。乳羔肉是指断奶前屠宰的羔羊肉。肥羔肉是指断奶后转入育肥，体重大约为32千克的4～6月龄屠宰羔羊肉。

1. 羔羊的生产特点

（1）生长发育快 7周龄时胃肠功能基本健全而能像成年羊一样有效地利用饲料。2月龄前日增重可达180～230克，2～10月龄日增重可达100～150克。肥羔羊饲料转化率可达3～4∶1，而成年羊为6～8∶1。

（2）对植物性蛋白质利用效率高 羔羊对植物性蛋白质的利用效率比成年羊高出0.5～1倍。

(3)肉产品成本低 肥羔生产周期短，产品率高，成本低。羔羊当年屠宰，加快了羊群周转，缩短了生产周期，提高了出栏率及出肉率。

(4)肉质好 羔羊肉含瘦肉多，脂肪少，胆固醇含量低，肉质鲜嫩多汁，膻味小，营养丰富，味道鲜美，易被人体消化吸收。目前在国际市场上畅销，价格比成年羊肉高30%～50%。

(5)肉、毛、皮兼备 6～9月龄羔羊生产的毛、皮价格高，即在生产肥羔的同时，又可生产优质毛、皮。

2. 生长期羔羊的营养需要 羊从出生到周岁，肌肉、骨骼和各器官组织的发育较快，需要沉积大量的蛋白质和矿物质，断奶后至8月龄，也是羊生长发育较快的阶段，对营养的需要量较高。

(1)蛋白质需要 在羊的不同生理阶段，蛋白质和脂肪的沉积量是不一样的。例如，体重为10千克时，蛋白质的沉积量可占增重的35%；体重在50～60千克时，此比例下降为10%左右，脂肪沉积的比例明显上升。在羔羊的育成前期，增重速度快，每千克增重的饲料报酬高、成本低。育成后期(8月龄以后)羊的生长发育仍未结束，对营养水平要求较高，日粮的粗蛋白质水平应保持在14%～16%(日采食可消化蛋白质135～160克)。育成期以后(1.5岁)羊体重的变化幅度不大，随季节、草料、妊娠和产羔等不同情况有一定的增减，并主要表现为体脂的沉积或消耗。

(2)能量需要 生长期羔羊所需要的能量主要用于维持生命、组织器官的生长及机体脂肪和蛋白质的沉积。试验表明，羔羊每增重1克体重约需消化能40千焦，每增重1克蛋白质约需消化能48千焦，每沉积1克脂肪约需消化能81千焦。但能量必须与其他营养物质(如可消化蛋白质)保持一定的比例，才能使各种营养物质得到有效吸收和利用。因此，在配合不同能量水平的日粮时，不仅要考虑组成日粮的各种饲料原料的数量，还要考虑不同营养物质的比例和利用的有效性，这样配制的饲料才会经济合理，满足肉羊生长的需要。

（3）维生素的需要 生长羔羊同样需要足够的碳水化合物和维生素。在通常情况下，羊不会缺乏碳水化合物和水溶性维生素。瘤胃功能健全的羊，瘤胃微生物能合成本身需要的水溶性维生素和维生素 K，但不能合成维生素 A，维生素 D，维生素 E。这类维生素必须由饲料供给。如果供应量不足，就会表现出相应的缺乏症。对于瘤胃功能尚不健全的羔羊，由于自身不能通过瘤胃微生物合成维生素，必须从饲料中供应所有的维生素，以满足生长发育的需要。

对于运动量小、日粮中低质秸秆类比例较高的舍饲羊，在阴雨连绵的天气，很容易出现维生素 D 缺乏症。在这种情况下，应考虑在饲料中添加维生素 D 制剂。

缺乏维生素 E 可造成羔羊骨骼肌营养不良，导致白肌病和肌肉萎缩，还会由于心肌变性而出现心力衰竭，引起突然死亡。格里特(Greet)等人(1995)报道，在威尔士中部的一个农场，部分羔羊于出生后 3～28 天突然发生肝破裂死亡。经分析，发现母羊及羔羊体内维生素 E 含量均较低。一般青绿饲料和优质干草含有丰富的维生素 E，如苜蓿干草含量达 102 毫克/千克，谷物子实特别是种子的胚芽中也含有较多的维生素 E。因此，夏、秋季放牧季节无需添加，在冬、春舍饲期间如缺乏优质干草或青贮饲料，则应考虑添加，规模化舍养羊场更应予以重视。

（4）矿物质的需要 对于生长期羔羊，必需的矿质元素都不可缺少，从缺乏程度、添加量以及饲料平衡等因素考虑，钙、磷相对于其他矿质元素更为重要。生长期羔羊在肌肉和脂肪增长的同时,骨骼也迅速生长发育。骨骼和牙齿中的钙和磷约占机体矿物质总量的70%。因此,生长期羔羊对钙和磷的需要量较大,其次是铁、铜、锌、锰、硒、碘。北方地区还应注意钴元素的补充。

3. 羔羊早期育肥技术

(1)哺乳羔羊的育肥 羔羊在10日龄开始补饲,从羔羊群中挑选出体格较大的公羔作为育肥对象。为了提高育肥效果,母子同时加强补饲,要求母羊母性好,泌乳多。母羊哺乳期间补饲足够量的优质豆科青干草,加0.8千克左右精料。羔羊每天补精料2次,饲料以玉米为主,适当搭配豆饼或炒黄豆、食盐、维生素和矿物质添加剂。有条件的地方最好制成颗粒饲料。每次喂量以20分钟吃完为宜。另外供给优质苜蓿青干草,由羔羊自由采食。干草品质不佳时,日粮中应添加50~100克蛋白质饲料。到3月龄时,从大群中选出达到屠宰体重(约30千克)的羔羊,出栏上市。不够屠宰标准的羔羊,断奶后转入一般群继续饲养。

(2)早期断奶羔羊的育肥 羔羊在45~60天断奶,采用全价料育肥,育肥期为50~60天,到120~150日龄活重达30千克左右时屠宰上市。早期断奶羔羊育肥上市,可以填补夏季羊肉供应淡季的空缺,缓解市场供需矛盾。

早期断奶的羔羊通常在断奶前半个月实行隔栏补饲,或在早、晚有2~4小时的时间与母亲分开,让羔羊在一专用圈内活动,活动区内放有饲料槽和饮水器,其余时间仍然母子同群。经过半个月的适应期后,母子完全隔离,进入育肥期。育肥期羔羊最好供给全价颗粒饲料,其主要成分为玉米(可占80%),豆饼或炒黄豆(19%左右),同时添加0.5%~1%食盐和矿物质添加剂。

4. 肥羔生产技术 肥羔生产是指羔羊2～3月龄断奶，经过90～150天的育肥，于6～8月龄达到屠宰体重时屠宰上市。一般要求公羔活重为50千克，母羔为40千克，胴体重为20～22千克。肥羔肉品质较佳，是烤羊肉和涮羊肉的理想原料。

(1)育肥前的准备

第一，进行健康检查，无病者方可进行育肥。

第二，按月龄和体重组群。不同月龄、体重羔羊组群，会因羔羊大小、强弱不均，采食的一致性差，不利于提高整体育肥效果。因此，在肉羊生产中，最好采取同期发情处理技术，使繁殖母羊能集中发情、配种，分批集中产羔，以便羔羊集约化育肥，分批供应市场。

第三，进行驱虫、药浴和疫苗接种。

第四，公羔要去势，以生产出膻味小的羊肉。

第五，进行称重，以便与育肥结束时的称重进行比较，检验育肥的效果和效益。

第六，搞好转群后的管理工作。羔羊断奶离开母羊和原来的生活环境，转移到新的环境和饲养条件时，势必产生较大的应激反应。因此，羔羊进入育肥场后的头二三周是关键时期。羔羊进入育肥圈后，应尽量减少对羔羊的惊扰，让其充分休息，供给充足的清洁饮水。羔羊在转群之前，如果已有补饲习惯，可降低损失率。

(2)育肥形式 羔羊的育肥形式因时间、地点、条件而异。

①放牧育肥 放牧育肥是最为廉价而有效的羔羊育肥方式，也是草原畜牧业采用的基本的育肥方式。这种育肥方式周期长，并且有明显的季节性特点，在农区不宜采用。

②放牧补饲育肥　在放牧育肥的同时，给羊补饲一定量的饲料。这种方式较适合牧区羔羊育肥。

③舍饲育肥　舍饲育肥是高饲养管理水平下的肥羔生产方式，是一种短期集中育肥措施。其见效快、周期短、出栏灵活，可全年均衡出栏。

(3)育肥羔羊的饲养管理要点

第一，饲料原料多样化，适口性好，营养物质丰富。白天应以精料和多汁料为主，夜晚则喂粗饲料。精料和多汁料应少喂勤添。一般精料喂量超过0.2千克时，就要分次喂给，多汁饲料也应在白天与其他饲料分开饲喂。各种饲料的饲喂顺序应先粗后精。断奶羔羊的日粮必须要有一定比例的优质干草，一般占饲料总量的40％～60％。日粮单纯依靠精饲料，既不经济又不符合羔羊的生理功能规律。苜蓿干草较好，粗蛋白质含量高达20％，同时还含有促生长的未知因子，其饲喂效果明显优于其他干草。舍饲育肥的日粮，以混合精料的含量为40％～45％、粗料和其他饲料的含量为55％～60％的配比较为合适。如果要求育肥强度还要加大的话，混合精料的含量可增到60％(但绝对不应超过60％)。此时一定要注意防止引发肠毒血症，以及因钙、磷比例失调而发生尿结石。

第二，饲喂要定时定量。精料饲喂量应根据羊的年龄、体重和粗饲料质量而定，做到少喂勤添。青干草可尽量任其自由采食。在饲喂时间安排上，做到"三先三后一足"。即：先草后料、先喂后饮、先拌(料)后喂，饮水要充足。舍饲日粮的供给方式可利用草架和料槽分别给予，先喂适口性差的饲料，后喂适口性好的饲料，以免浪费。

第三，用高精料育肥时，最好不喂青贮料，喂些青干草或胡萝卜来满足羊对维生素的需要，降低瘤胃内的酸度。

第四，保证饲料品质，做到水、草、料、饲喂用具及圈舍干净与卫生。

第五，有一定的饲养和活动场地。冬有圈，夏有棚，通风、卫生、安静。

第六，在育肥准备期，逐渐增加精料饲喂量。育肥期内，尽量避免更换饲料。

第七，外购羊到场的当天，不宜饲喂精料，只供给清洁饮水和少量干草。

(4)羔羊育肥配合精饲料推荐配方

配方Ⅰ　玉米59%，麸皮10.9%，豆粕10.9%，菜籽饼7.2%，苜蓿9%，磷酸氢钙1%，食盐1%，微量元素添加剂1%(武和平等，2000)。

配方Ⅱ　玉米60%，麸皮10%，豆粕10%，棉籽粕8%，黑麦(粉碎或压扁)4%，米糠5%，磷酸氢钙1%，食盐1%，微量元素添加剂1%(武和平等，2000)。

配方Ⅲ　玉米83%，大豆粕15%，石灰石1.4%，食盐0.5%，微量元素和多维素0.1%。另外，每千克饲料添加硫酸锌150毫克，硫酸钴5毫克，硫酸钾1毫克，氧化镁200毫克，硫酸锰80毫克，维生素A 1万单位，维生素D 1 000单位，维生素E 20单位(美国谷物协会)。

配方Ⅳ　玉米62%，麸皮12%，豆粕8%，棉籽粕12%，石粉1.8%，磷酸氢钙1.2%，尿素1%，食盐1%，预混料1%(刁其玉等，2004)。

(5)粗饲料的供给

舍饲育肥羔羊的混合料(含粗饲料)参考喂量如下。

3～4月龄、体重20～30千克，每只0.8～1千克/日。

5～6月龄、体重30～40千克，每只1.2～1.4千克/日。

7～8 月龄、体重 40～50 千克，每只 1.6～1.8 千克/日。

美国推荐羔羊直线育肥方案为：羔羊断奶后，以精料为主，补饲优质干草，自由饮水，羔羊增重迅速。断奶体重 11～12 千克的羔羊，强度育肥 70～80 天，增重 18～19 千克，平均日增重 280 克左右，出栏活重在 30 千克以上，屠宰率 50%，料重比可达到 3.7∶1。

德国育肥羔羊的精料组成是：燕麦 33%，大麦 22%，麸皮 26%，豆饼 17%，矿物质 2%。

保加利亚 30～60 日龄羔羊用颗粒饲料配方：玉米 35%，大麦 8.9%，豆饼 6%，向日葵饼 18.9%，苜蓿粉 30%，微量元素添加剂 0.5%，白垩 0.3%，食盐 0.4%。60 日龄后育肥用饲料配方为：玉米 49.9%，大麦 20%，麸皮 5%，向日葵饼 21%，饲用干酵母 2%，白垩 1.1%，食盐 1%。

（三）老残羊育肥技术

1. 老残羊的生理特点 这类羊一般年龄较大，产肉率低，肉质差。经过育肥，肌肉之间脂肪量增加，皮下脂肪量增多，肉质变嫩，风味也有所改善，经济价值大大提高。

成年羊已停止生长发育，要增加其脂肪的沉积则需要大量能量物质，其他营养物质主要用来维持生命活动以及使肌肉等组织器官恢复到最佳状态的需要。因此，除热能外，成年羊的其他营养成分的需要量略低于羔羊。一般说来，要达到相同的增重效果，普通品种成年羊育肥时的热能需要量要比肉用品种高 10%左右。成年羊在育肥过程中，随着膘情的改善，羊肉中的水分相对减少，脂肪含量增加，蛋白质含量相对有所下降。但成年羊体内沉积脂肪的能力有限，到满膘时就不会再增重。因此，成年羊育肥期不宜过长，以 2～3 个月为宜。

2. 老残羊育肥准备 育肥之前，应该对羊做全面健康检查。凡是病羊均应治愈后育肥，无法治疗的病羊不应育肥。过老、采食困难的羊也不要育肥，否则会浪费饲草饲料，同时也达不到预期效果。成年羊组群后，必须经过 2 周左右的适应期才能开始育肥。新组建的羊群由于环境和群体成员变化，常有互相顶抵的现象发生。为了保证每只羊都能均匀采食，可在补饲槽上方设一固定杆，当羊开始采食时，放下固定杆将羊头部固定在槽栏内，使其在采食结束前不再有攻击其他羊的机会。一般情况下，经过 1～2 周的训练，相互之间已经熟悉，打斗的现象大大减少。

3. 老残羊育肥技术 在青草期，可选择草生长茂盛、地势平坦、有水源的地方，对淘汰羊进行体况恢复性放牧，特别是体况差的羊可利用青草使其复膘，然后再育肥，可节省饲料，降低成本。育肥期，也应根据羊的增膘程度及时调整日粮，延长育肥期或提前结束育肥。

当然，仅靠放牧很难使羊在短期内达到满膘、出栏。一般放牧 1～2 个月后，要有不少于 1 个月的舍饲育肥期，利用高精料日粮催肥，以达到改良羊肉品质的目的。自由采食粗饲料的情况下，每只羊每日补饲 0.5～0.75 千克混合精料。牧草丰盛时，可适当减少补饲量。为了提高淘汰母羊的育肥效果，可在其体质恢复后先配种受孕，再育肥 60 天后上市。

短期育肥的成年羊饲料组成可以不同于繁殖羊群，精饲料中的棉籽饼、菜籽饼或胡麻饼的用量可提高到 10%～20%，豆饼的用量可降至 10%以下。

4. 老残羊育肥混合饲料配方

配方 Ⅰ 玉米 21.5%，草粉 21.5%，棉籽饼或菜籽饼 21.5%，麸皮 17%，花生饼 10.3%，饲料酵母 6.9%，食盐

0.7%，尿素0.3%，添加剂0.3%（李建国，2003）。

配方Ⅱ 玉米25%，苜蓿粉20%，棉籽饼15%菜籽饼13%，麸皮15%，米糠10%，食盐1%，矿物质添加剂1%（周占琴，2003）。

（四）育肥羊饲料添加剂的使用

肉羊育肥时，使用饲料添加剂主要用于促进生长，改善代谢功能，提高饲料报酬。常用的添加剂有下列品种。

1. 莫能菌素 又名瘤胃素、莫能菌素钠、孟宁素。它的作用是控制和提高瘤胃发酵效率，提高增重速度和饲料转化率。莫能菌素在肉羊日粮中的添加量为25～30毫克，要注意充分搅拌均匀。初期喂量应少一些，以后逐渐增加到规定剂量。舍饲绵羊饲喂莫能菌素，日增重可比对照组提高35%以上，饲料转化率提高27%。给育肥山羊饲喂莫能菌素，日增重可以提高16%～32%，饲料转化率提高3%～19%。

2. 矿物质添加剂 矿物质添加剂是育肥羊不可缺少的营养物质。除了日粮中添加当地常用的添加剂外，还可以盐砖等形式供给。盐砖是以食盐为载体，添加钙、磷、铜、锌、锰、铁、硒等元素，经一定工艺制成。使用时，可吊挂在羊舍或运动场，也可吊挂在饮水池边或饲槽内，任其自由舔食。

3. 抗菌促生长剂 常用的抗菌促生长剂有喹乙醇、杆菌肽锌。它们能够选择性地抑制致病性大肠杆菌，而不影响正常的菌群。它还能影响机体代谢，促进蛋白质的同化作用，从而促进肉羊生长。每千克肉羊日粮干物质中喹乙醇的添加量为50～80毫克，杆菌肽锌的添加量为10～20毫克。添加时一定要与精料混合均匀。据报道，喹乙醇可使羔羊日增重提高5%～10%，每千克增重节省饲料6%。

4. 缓冲剂 常用的饲料缓冲剂有碳酸氢钠和氧化镁。在羊强度育肥时，往往是日粮中的精饲料比例加大，粗饲料量减少，这样机体代谢会产生过多的酸性物质，造成胃肠对饲料的消化能力减弱。在饲料中添加缓冲剂，可以增加瘤胃中的碱性蓄积，使瘤胃环境更适合于微生物的生长繁殖，并能增加食欲，从而提高饲料的消化利用率。

缓冲剂应均匀地混合于饲料中，添加量应逐渐增加，以免突然增加造成采食量下降。碳酸氢钠的用量为混合精料的1.5%～2%，或占整个日粮干物质的0.75%～1%。氧化镁的用量为混合料的0.75%～1%，占整个日粮干物质的0.3%～0.5%。试验表明，二者联合使用效果更好。碳酸氢钠与氧化镁的比例以2～3∶1为宜。

（五）影响羊肉品质的因素

肉质一般包含感官特征、技术指标、营养指标和卫生指标。对消费者而言，肉品的外观、质地、风味是判定其质量的感官特性。通常用肉色、pH值、滴水损失、剪切力和硫代巴比妥酸反应物数值等指标来量化肉的质量。肌肉显现的颜色是肌红蛋白、氧化肌红蛋白以及正铁肌红蛋白转化的结果。肌肉pH值对肌肉的嫩度、滴水损失、肉色等有直接的影响。羊屠宰后，pH值降低与肌糖原酵解有关。应激条件会加速体内糖原的酵解，使肌肉pH值迅速降低。滴水损失是肌肉保持水分性能的指标。肌肉系水力直接关系到肉品的质地、风味和组织状态。剪切力是肌肉嫩度的指标，也是肉品内部结构的反映，并且在一定程度上反映了肉中肌原纤维、结缔组织以及肌肉脂肪含量、分布和化学结构状态。肉品中硫代巴比妥酸反应物数值与肉品的酸败、异味等直接有关，是肉品脂质过氧化程度的间接量化指标。

1. 影响羊肉品质的内在因素

（1）肌纤维直径、密度和类型 肉的嫩度是指肌肉易切割的程度。肌纤维直径越粗，单位肌肉横断面积内肌纤维的数量越多，切断肌肉所需的剪切力就越高，肉的嫩度也就越小（刘希良，1987）。井川田博（1983）报道，不论屠宰活重或日龄大小，都是以肌纤维愈细者肉质愈嫩。宰后僵直肌肉的肌节长度与肉品嫩度也呈正相关。

（2）结缔组织含量和组成 结缔组织的含量影响肉的嫩度。肌肉中结缔组织增多，肉的嫩度下降。老龄动物结缔组织交联增长多，故肉质粗糙；青年公畜肉中结缔组织含量也较高，所以，公羊肉比阉羊肉差。

（3）肌肉脂肪含量 肌肉脂肪含量对肉的风味影响较大，对肉的嫩度也有一定影响。帕特里夏（Patricia）等（1985）报道，具有正常品质的肉，其嫩度随肌内脂肪含量的增加而呈现出从最差到中等水平的明显改善，但脂肪继续增加，嫩度不再继续改善，有时甚至下降。因为脂肪含量过多可能会降低结缔组织的物理强度，从而使肉的感观品质、风味以及嫩度均匀性下降。如老龄动物肉的脂肪过多，嫩度的变异较大。

（4）羊身体部位 不同部位的肉嫩度不同，如羊后腿肉比其他部位肉嫩度差，这是由于蛋白水解酶（CDP）的含量或活性不同所致。蛋白水解酶的含量及活性对嫩度的改善程度起决定性作用，特别是 CDP-I 的含量和活性越大，肉的嫩度也越大。

（5）游离钙、锌、镁离子的浓度 肉中钙离子的浓度直接影响肉的蛋白水解酶活性，钙离子浓度越高，蛋白水解酶活性越大，肉的嫩度就越高。锌离子是蛋白水解酶的封闭因子，锌离子浓度升高会导致肉的嫩度下降。在活体动物肉中，镁离子与钙离子拮抗，从而影响肉中生化反应过程，所以对肉的嫩度也有一定影响。

(6)肌糖原含量 肌糖原含量影响肉的最终 pH 值，所以也影响肉的嫩度。肌糖原含量过高，肉终点 pH 值偏低，嫩度往往较差；肌糖原过少，则终点 pH 值偏高，易导致色泽暗红、质地粗硬、切面干燥(DFD)肉，这是牛、羊肉中最常见的次品肉。肌肉中的糖原含量主要与动物的气质类型及宰前状况有关。

(7)大理石状纹理状况 肉的大理石纹理结构影响肉的感官指标，大理石纹理结构越好，剪切力(WBS)越低，嫩度越高，越富于多汁性，但与风味关系不大，在对肉的嫩度尚难以进行直接评价的今天，大理石状纹理是对嫩度和其他质量指标进行感官评定的重要参数。

2. 影响羊肉品质的其他因素

(1)肉羊品种 不同品种的绵、山羊肉质有一定差异。杰克逊(Jackson)等(1997)对羊的基因型研究表明，肥臀羊饲料转化效率和屠宰率高，眼肌面积增大，腿肉丰满，整个后躯的产肉量高，但肉的嫩度、多汁性和总体口感均较差。这种现象是由于肥臀基因导致肌肉中蛋白水解酶抑制剂活性提高，影响蛋白质的降解速度，使羊于宰前蛋白质合成速度加强，出现肥壮现象；但宰后羊肉的成熟速度放慢，嫩度下降。

(2)性别 公羊生长较快，饲料转化率高，胴体脂肪少而肌肉多。但公羊肉的嫩度变化较大，剪切力(WBS 值)比母羊肉高。这是因为公羊肉的蛋白水解酶抑制剂活性比母羊肉高，公羊肉的嫩度低于阉羊肉也是出于这一原因。

(3)年龄 幼龄羊肉膻味小，嫩度高；老龄羊肉膻味大，色泽差，嫩度低而变异大。这是由于羔羊肉脂肪含量低，因此，脂类氧化水平也较低。脂类氧化不仅产生异味，而且使不饱和脂肪酸、脂溶性维生素和色素含量下降，表观色泽变浅。老龄羊肉嫩度差是由于其组织交联增多所致，也可能与蛋白水解酶抑制剂活性有关。在国外，屠宰场是按照胴体质量来定价的。屠宰率为48%～50%、胴体重为16～20千克的绵羊肥羔价格最高，胴体为10千克的山羊乳羔价最高。

(4)营养水平和饲养制度 一般认为，粗饲料饲喂的羊肉质不如精料饲喂的羊。这是由于饲喂高能量日粮的羊生长快，蛋白质的合成加速，转化率提高，影响胶原蛋白的含量。可溶性胶原蛋白的比例越高，肉的嫩度可能越高。无论环境温度如何，放牧羊肉总比舍饲羊肉嫩度低，宰前舍饲育肥有利于羊肉品质感官性状的改善。

(5)饲料组成

①维生素C 维生素C参与体内的抗氧化反应，并具有抗应激、减缓动物屠宰后pH值下降速度的功效。因此，在日粮中补充大量的维生素C能够减缓动物屠宰后肌肉pH值的下降速度，改善其肉品品质。

②维生素D_3 维生素D_3对肌肉钙水平有刺激性效应，因而提高肌肉中蛋白水解酶活性，促进肉的嫩化。

③维生素E 大量研究证明，肉羊日粮中添加维生素E可以明显提高瘦肉色泽、风味和货架寿命。

④钙 钙离子参与屠宰后肉的熟化过程。

⑤镁 镁能降低由钙产生的神经肌肉刺激和减少神经冲动引起的乙酸胆碱的分泌，也能降低神经末梢和肾上腺儿茶酚胺的释放，而儿茶酚胺可减少肌肉糖酵解，从而减少动物应激，提高肉的品质。

⑥硒　硒可以防止细胞膜的脂质结构被破坏，保持细胞膜的完整性。硒是谷胱甘肽过氧化物酶(GSH-Px)必要组成成分。谷胱甘肽过氧化物酶能使有害的脂质过氧化物还原成无害的羟基化合物，并使过氧化物分解，避免细胞膜结构和功能遭受破坏，从而减少肌肉渗出汁液，提高羊肉品质。

⑦铬　铬是葡萄糖耐受因子(GTF)的成分。葡萄糖耐受因子可提高胰岛素的活性，也可通过改变皮质醇的产量和胰岛素的活性而影响动物对应激的反应。应用有机铬可减轻发生在运输中和转运场所的应激作用，增加肌肉中的糖原贮量，从而减少不良肉的发生。大量研究表明，铬可以增加瘦肉率，降低脂肪含量，改善胴体品质，提高畜禽肉质。

⑧铁　铁是血红蛋白和肌红蛋白的重要组成成分，对肉色的形成有决定性作用。铁可通过促进其他一些氧化启动因子的形成而起到直接或间接催化作用。饲料中铁含量过高，不仅可使肌肉颜色变得过深而不受消费者欢迎，而且可加速肉品氧化酸败过程。因此，应适当控制肉羊饲料中的含铁量。

(6)用药　许多抗生素药物和抗寄生虫药物都可在动物体内残留较长时间，影响羊肉的卫生特性。

(7)宰前状态　宰前状态包括宰前健康状况以及因运输、休息或应激所致的生理状态。一般营养缺乏性疾病不仅可导致胴体感官评分下降，还可造成羊肉组成成分的变化，如肌间脂肪含量下降。严重病症(如传染病)还可致羊肉废弃。宰前应激可引起肌糖原浓度下降，乳酸浓度上升，从而影响肉的质量。宰前强应激，可大大提高血液中儿茶酚胺类激素的浓度，使刚宰后的肉酸化速度加快，温热和酸化共同作用使肌肉蛋白强烈变性，发生收缩，失去持水能力，形成白肌(PSE)肉。

(8)宰后影响因素

①成熟条件　新鲜肉不适宜于加工。因此，必须对肉品进行冷却以改善肉的嫩度。为了保持羊肉的鲜嫩度，速冻前需要在0℃～2℃的冷却间内冷却。否则，羊肉的嫩度会下降。

②烹调方法和温度　肉的嫩度受烹调方法、烹调温度和烹调程度的影响。卤煮时由于肉温较高，超过肌肉蛋白变性收缩的温度，有利于肌纤维的热破坏作用，所以，肉的嫩度一般随温度升高而增大。烤制时，肉内部实际温度并不很高，通常以肉中心温度达到60℃～80℃为终点温度，这时，肉的嫩度随肉中心的终点温度升高而下降。为了保证卫生，通常以70℃左右为终点温度。

3. 影响羊肉风味的不良因素

(1)饲料

①饲喂有异味的草　饲喂草木犀、沙打旺、箭筈豌豆、羽扇豆等生物碱含量较高的牧草，羊肉通常带有苦味。葱、蒜或小根葱带臭味，韭菜或山韭菜也有异味，常喂会使羊肉带有不良气味。

②饲喂有异味的动物性饲料或添加剂　鱼粉有鱼腥味，这种鱼腥味可残留在羊肉和羊奶中，影响人的食欲；鱼油含有多个双键的不饱和脂肪酸，其氧化产物有异味，而且能把这种不良气味转移到羊肉和羊奶中；常喂酸败蚕蛹粉对羊肉和羊奶也有不良影响；饲喂尿素或氨化饲料的羊肉有氨味。

(2)药物　在羊屠宰前，口服或注射有异味的药物(如樟脑)也影响肉味。

(3)羊的性别　一般情况下，公羊肉膻味较重。这是因为羊肉的膻味是由脂肪组织中的雄烯酮和粪臭素引起的。雄烯酮来源于睾丸，属于睾丸类固醇，具有尿臊味。粪臭素是后肠内微生物降解色氨酸产生的挥发性化合物。由于公羊的代谢能力较强，肠道细胞的新陈代谢较快，所产生的细胞碎片是后肠粪臭素合成所需色氨酸的来源；性激素可抑制肝脏合成降解粪臭素的酶，所以，公羊降解血液中粪臭素的能力较低，肉的膻味较重。

（六）提高羊肉品质的措施

1. 选择优势品种，开展杂交改良 选择具有生长速度快、饲料报酬高的肉羊良种，并用这些品种对当地绵、山羊进行杂交改良，以加快羔羊生长速度，用肥羔肉代替成年羊肉。

2. 加强饲养管理

（1）采取短期育肥技术 通过改变日粮组成，提高胴体感官评分和肌纤维嫩度。

（2）在饲料中添加具有芳香味的中草药添加剂 由甘草、白术、苍术、茴香、草豆蔻、麦芽、地榆、藿香、厚朴、丁香、艾叶等中药配合使用可提高肉质。东京大学生物试验场的一项研究表明：给动物饲料中添加 0.2%～0.3%杜仲粉，可促进其肌纤维的发育，提高肌肉中胶原蛋白的含量，使肉质、味道更加鲜美且蛋白质含量有所增加。

（3）在饲料中添加维生素 在日粮中添加维生素 A、维生素 C、维生素 D 和维生素 E 等，可提高羊肉品质，延长货架寿命。

（4）在饲料中添加必要的矿物质 根据羊对各种矿质元素的实际需求量和摄取情况，适当添加镁、硒、铁、铬等元素。

（5）屠宰前禁止饲喂有异味的饲料 肉羊在屠宰前 10～20 天禁止饲喂尿素、鱼粉等影响羊肉风味的饲料。

（6）执行休药期制度 肉羊允许使用的抗寄生虫药和抗

菌药的使用方法和休药期见表 5-1。

表 5-1　肉羊允许使用的抗寄生虫药和抗菌药的使用方法和休药期

类别	名称	剂型	用法与用量(用量以有效成分计)	休药期(天)
抗寄生虫药	阿苯达唑	片剂	内服,1 次量,10～15 毫克/千克体重	7
	双甲脒	溶液	药浴、喷洒、涂抹,配成 0.025%～0.05%的溶液	21
	溴酚磷	片剂、粉剂	内服,1 次量,12～16 毫克/千克体重	21
	氯氰碘柳胺钠	片剂	内服,1 次量,10 毫克/千克体重	28
		注射液	皮下注射,1 次量,5 毫克/千克体重	28
	溴氰菊酯	溶液	药浴,5～15 毫克/升水	7
	三氮脒	注射用粉针	肌内注射,1 次量,3～5 毫克/千克体重。临用前配成 5%～7%的溶液	28
	二嗪农	溶液	药浴。初液,250 毫克/升水;补充液,750 毫克/升水	28

续表 5-1

类别	名称	剂型	用法与用量(用量以有效成分计)	休药期(天)
抗寄生虫药	非班太尔	片剂、颗粒	内服,1 次量,5 毫克/千克体重	14
	芬苯达唑	片剂、粉剂	内服,1 次量,5～7.5 毫克/千克体重	6
	伊维菌素	注射液	皮下注射,1 次量,0.2 毫克/千克体重	21
	盐酸左旋咪唑	片剂	内服,1 次量,7.5 毫克/千克体重	3
		注射液	皮下或肌内注射,1 次量,7.5 毫克/千克体重	28
	硝碘酚腈	注射液	皮下注射,1 次量,10 毫克/千克体重;急性感染,13 毫克/千克体重	30
	吡喹酮	片剂	内服,1 次量,10～35 毫克/千克体重	1
	碘醚柳胺	混悬液	内服,1 次量,7～12 毫克/千克体重	60
	噻苯咪唑	粉剂	内服,1 次量,50～100 毫克/千克体重	30
	三氯苯唑	混悬液	内服,1 次量,5～10 毫克/千克体重	28

续表 5-1

类别	名称	剂型	用法与用量(用量以有效成分计)	休药期(天)
抗菌药	氨苄西林钠	注射用粉针	肌内或静脉注射,1次量,10～20毫克/千克体重	12
	苄星青霉素	注射用粉针	肌内注射,1次量,3万～4万单位/千克体重	14
	青霉素钾	注射用粉针	肌内注射,1次量,2万～3万单位/千克体重,1天2～3次,连用2～3天	9
	青霉素钠	注射用粉针	肌内注射,1次量,2万～3万单位/千克体重,1天2～3次,连用2～3天	9
	恩诺沙星	注射液	肌内注射,1次量,2.5毫克/千克体重,1天1～2次,连用2～3天	14
	土霉素	片剂	内服,1次量,羔羊,10～25毫克/千克体重(成年羊不宜内服)	5
	普鲁卡因青霉素	注射用粉针	肌内注射,1次量,2万～3万单位/千克体重,1天1次,连用2～3天	9
		混悬液	肌内注射,1次量,2万～3万单位/千克体重,1天1次,连用2～3天	9
	硫酸链霉素	注射用粉针	肌内注射,1次量,10～15毫克/千克体重,1天2次,连用2～3天	14

第六章　肉羊常见病的防治

一、羔羊常见病的防治

(一)新生羔羊与幼羔常见病防治

1. 假死　羔羊产出后，身体发育正常，心脏仍有跳动，但不呼吸，这种情况称为假死。羔羊假死主要原因是吸入羊水、母羊子宫内缺氧、分娩时间过长和受冷等。出现这种情况时，一般可采用下列两种方法复苏。一种是提起羔羊两后肢，使羔羊悬空并拍击其胸、背部；另一种方法是让羔羊平卧，用双手有节律地推压胸部两侧。短时间假死的羔羊，经处理后，一般可以复苏。因受凉而造成假死的羔羊，应立即移入暖室进行温水浴，水温由38℃逐渐升到45℃。水浴时，应注意将羔羊头部露出水面，严防呛水，同时结合胸部按摩，浸20～30分钟，待羔羊复苏后，立即擦干全身。我国北方农户常常将这类假死羔羊放在热炕上或铺有电热毯的床上加温保暖，也取得了较好的复苏效果。

2. 脐带出血　羔羊出生后，通常脐动脉收缩力强而自行封闭，由肺脏开始呼吸。有的羔羊由于心脏功能发生障碍，影响脐静脉封闭，引起脐带出血。也有因用剪刀断脐时，剪口血液凝固不全而引起出血。如果不及时治疗，羔羊会因流血过多而死亡。发现这种情况时，要重新结扎脐带，并把脐带断端用碘酒浸泡数分钟。如果脐带断端过短，血管缩至脐带以内，可先用消毒纱布填塞，再将脐孔缝合。

3. 脐带炎 一般羔羊断脐后经2～6天脐带即会干缩脱落。若断脐时消毒不严格，脐带受到感染或被尿液浸润，或羔羊相互吸吮脐带，均可引起感染。初发生时，在脐孔周围注射青霉素即可，如果发生脓肿则应切开脓肿部，清除脓汁，用消毒药液清洗干净，再撒上磺胺粉，并外覆绷带。

4. 便秘 胎粪是胎儿胃肠道分泌的粘液、脱落的上皮细胞、胆汁和吞咽的羊水经过消化作用后，残余的废物积累在肠道内形成的。通常羔羊在生后数小时胎粪即能排出体外，如果生后1天排不出胎粪，便是便秘。此病主要见于弱羔。

【症　状】 新生羔羊发生便秘时，表现不安，弓背，努责，前蹄扒地，后蹄踢腹，回顾腹部；继而不吃奶，出汗和心跳加快，肠音消失，全身无力，经常卧地不起。

【治　疗】 可用温肥皂水或油剂灌肠，或灌服蓖麻油、液状石蜡等轻泻剂，也可用手指插入肛门掏出粪块。为了预防羔羊发生便秘，可让其尽快吃足初乳，或将油类灌入直肠。

5. 羔羊痢疾 羔羊痢疾是初生羔羊的一种以剧烈腹泻和小肠溃疡为主要特征的急性传染性毒血症。可造成羔羊大批死亡。其病原菌主要为B型魏氏梭菌，其次是D型魏氏梭菌，大肠杆菌、沙门氏菌等也可能起着一定致病作用。传染途径主要是消化道，也可通过脐带或伤口感染。

【病　因】 母羊怀孕期营养不良、羔羊饥饿或体质瘦弱、人工哺乳不定时定量、圈舍潮湿、气候寒冷等都是本病的诱因。初生羔羊可通过吮乳、饲养员的手和饲养用具、粪便等感染魏氏梭菌。寒冷、圈舍潮湿等诱因使羔羊抵抗力降低，细菌在小肠，特别是在回肠大量繁殖，产生毒素（主要是β毒素），引起发病。

【症　状】 本病多发生于7日龄内羔羊，又以2～5日龄最多。纯种羊和杂种羊较地方品种更易患病。潜伏期1～2天。病羔精神不振，孤独呆立，卧地不起。有时先表现腹痛，继而发生腹泻，粪便呈绿色、黄绿色或灰白色，恶臭；后期排出带有泡沫的血便，高度衰竭，迅速死亡。有时病羔腹胀而腹泻只排少量稀粪，表现出神经症状，四肢瘫软，卧地不起，呼吸急促，口吐白沫，最后昏迷。头向后仰，体温降至常温以下，若不紧急救治，常在10小时左右死亡。

【预　防】

第一，加强饲养管理。做好母羊秋季抓膘和冬、春保膘工作，保证新生羔羊健壮，乳汁充足，增强羔羊抗病力。做好计划配种工作，避免在寒冷季节产羔，注意羔羊保暖。产羔前对羊舍和用具进行彻底消毒；产羔后，用碘酊消毒脐带。

第二，做好预防接种。通常在每年秋季给母羊注射五联苗或梭菌苗，产前2～3周再接种1次。

第三，做好药物预防。可在羔羊生后12小时内，口服土霉素0.15～0.2克，每天1次，连服3天。

第四，注射抗羔羊痢疾高免血清。给初生羔羊肌内注射0.5～1毫升抗羔羊痢疾高免血清，能起到保护作用。

【治　疗】

第一，对病初羔羊，可用土霉素0.2～0.3克，加等量胃蛋白酶，水调灌服，每天2次；或用青霉素、链霉素各20万单位肌内注射。

第二，对发病较慢、排稀粪的病羔，可灌服6%硫酸镁(内含0.5%福尔马林)30～60毫升，6～8小时后再灌服1%高锰酸钾溶液10～20毫升。也可取磺胺脒0.5克、鞣酸蛋白0.2克、次硝酸铋0.2克、碳酸氢钠0.2克，研磨、混合后，水调灌服，每天3次。

肌内注射抗羔羊痢疾高免血清3～10毫升，能治疗有明显症状的病羊，治愈率可达90%以上。

（二）常乳期及断奶后羔羊常见病防治

1. 羔羊肺炎 肺炎是肺泡、细支气管以及肺间质的炎症。

【病 因】 本病除了病原微生物侵袭外，营养不良、气候剧变、圈舍寒冷潮湿或通风不良、羊群密集、环境过热、有害气体刺激、风寒感冒等均可引起羔羊肺炎。

【症 状】 羔羊多表现为急性，体温升高、饮水量增加、食欲下降或废绝。初期为带疼痛的干咳，后转为湿咳，流鼻涕。呼吸随炎症的渐进性加重而加快。

【预 防】 改善环境，加强管理。

【治 疗】 肌内注射青、链霉素并配合清热解毒药。必要时，静脉注射双黄连（每千克体重60毫克）和地塞米松。

2. 羔羊大肠杆菌病 羔羊大肠杆菌病又称羔羊白痢。是由致病性大肠杆菌所引起的一种以剧烈腹泻和全身败血症为特征的羔羊急性、致死性传染病。主要呈地方性流行或散发。

【病 因】 本病经消化道感染。主要发生在冬、春舍饲期间，放牧季节很少发生。诱发因素是气候突变、圈舍通风不良、场地潮湿或污秽及羔羊营养不足等。

【症 状】 多发生于数日龄至6月龄羔羊，潜伏期1～2天。表现为败血型和腹泻型两种。

①败血型 多发生于2～6周龄的羔羊。病羊体温高达41℃～42℃，精神沉郁，迅速虚脱，有轻微腹泻或不腹泻，有的带有神经症状，运动失调，磨牙，视力障碍；个别出现关节炎，多数于病后4～12小时死亡。

②腹泻型(肠型,肠炎型)　多发生于2～8月龄的羊。病羊初始体温略高,出现腹泻后体温下降。粪便呈半液体状,带气泡,有时混有血液。羔羊表现腹痛,虚弱,严重脱水,不能起立。如不及时治疗,可于24～36小时内死亡。

【预　防】 参考羔羊痢疾预防措施。

【治　疗】 大肠杆菌对于土霉素和磺胺类药物都具有敏感性,但必须配合护理和其他对症疗法。选用土霉素,按每天每千克体重20～50毫克,分2～3次口服,或按每天每千克体重10～20毫克,分2次肌内注射。新生羔羊再加胃蛋白酶0.2～0.3克。

3. 沙门氏菌病　又称副伤寒。是由鼠伤寒沙门氏菌、都柏林沙门氏菌和羊流产沙门氏菌引起的急性传染病。各种年龄羊均可感染发病,其中以断奶或断奶不久的羔羊最易感。一年四季均可发病,但以冬、春气候寒冷多变时发病最多。舍饲羊易发,常呈散发性,有时呈地方性流行。

【病　因】 病原菌通过羊的粪尿、乳汁、流产胎儿、胎衣,污染饲料、饮水、食槽和周围环境等,经消化道感染健康羊,也可通过交配或其他途径传播。各种不良环境均可诱发本病。

【症　状】 本病以羔羊急性败血症和腹泻、母羊怀孕后期流产为主要特征。根据临床症状可分为两种类型。

①腹泻型　多见于羔羊,病羊表现为精神沉郁,体温高达40℃～41℃,食欲下降,腹泻,排粘性带血稀粪,有恶臭,低头弓背,继而卧地。1～5天后死亡。有的羔羊2周后恢复。

②流产型　多发生在母羊怀孕的最后2个月。病羊表现为精神沉郁,体温升高,拒食,部分病羊有腹泻症状。病羊产出的羔羊极度虚弱,并常有腹泻,1～7天后死亡。流产母羊也可在流产后死亡。

【预　防】 主要措施是加强饲养管理。羔羊在出生后应及早吃初乳,并注意保暖;发现病羊应及时隔离治疗或淘汰处理;被污染的圈栏要彻底消毒,发病羊群进行药物预防。

【治　疗】

第一,选用土霉素和新霉素,羔羊按每次每千克体重10～15 毫克,内服,每日 3 次;成年羊按每次每千克体重 10～30 毫克,肌内或静脉注射,1 日 2 次。

第二,试用促菌生、调痢生、乳康生等微生态制剂,按说明拌料或口服,使用时不可与抗菌药物同用。

4. 球虫病 球虫病是羊的一种急性接触性原虫病。各品种的绵、山羊对球虫病都有易感性。羔羊极易感染。成年羊一般都是带虫者。流行季节多为春、夏、秋潮湿季节。冬季气温低,不利于球虫卵囊发育,很少感染。

【病　因】 球虫病通常是艾美耳属的几种球虫混合感染,但其中一种可能占优势。羔羊食入被侵袭性卵囊污染的饲料和饮水,就可能感染发病。

【症　状】 本病多见于羔羊。病羊最初排出的粪便较软,逐渐变成恶臭的水样稀粪,污染后躯。有些羊粪便带血。病羊努责,有时发生直肠脱出。腹泻数日后,表现食欲不振、脱水、体重下降、卧地不起、衰弱。病初体温升高,但很快降至正常或偏低。多数羊于发病后 3～4 天内死亡。

【预　防】 每天清扫羊舍,及时清除粪便和污物,定期对圈舍、饲槽和饮水器及各种用具进行消毒,保持圈内干燥、卫生,并经常能够晒上太阳。粪便等污物应集中进行生物发酵处理,避免羔羊接触带有球虫卵囊的污物。羔羊最好与成年羊分群饲养管理。一旦发现病情,要立即隔离治疗。

【治　疗】

第一，灌服磺胺嘧啶或磺胺二甲嘧啶，按每千克体重首次量0.2克、维持量0.1克服用，每12小时服1次，同时配合等量的碳酸氢钠（小苏打），连用3～4天。

第二，其他药物，如球虫净、克球粉等均可按说明使用。

5. 羔羊肠痉挛　羔羊肠痉挛是因不良因素刺激使肠平滑肌痉挛性收缩而发生的一种间歇性腹痛。该病多发生在羔羊哺乳期，特别是开始吃草、反刍时发病率最高。

【病　因】　寒冷刺激是发病的主要原因。气候剧变使羔羊遭寒冷刺激、羔羊舔食冰雪或采食冰冻饲料、遭受雨淋等都可发病。另外，饲养管理不良也可引起羔羊肠痉挛，如人工哺乳用奶温度过低，羔羊经常处于饥饿状态，吃了腐败或难以消化的饲料等。羔羊慢性消化不良也是引起肠痉挛的主要因素。

【症　状】　羔羊耳、鼻俱冷，体温正常或偏低，结膜苍白，弓背而立或蜷曲而卧。突然发作腹痛，回头顾腹，后肢蹴踢，有时作排尿姿势。严重腹痛时急起急卧，或前肢跪地，匍匐而行。有的突然跳起，落地后就地转圈或顺墙疾行，咩叫不止，持续几分钟，又处于安静状态。有的表现腹胀、腹泻、口流清涎，有的疼痛停止时，又出现食欲。

【预　防】　注意羔羊保暖，避免过于饥饿，禁食品质不良饲料。

【治　疗】

第一，取姜酊10～20毫升或复方樟脑酊5毫升，加温水灌服。

第二，肌内注射30%安乃近2～6毫升，配合上述酊剂效果更好。

第三，肌内注射1%阿托品1毫升。

第四，体温过低的羔羊，可先肌内注射樟脑油2毫升。

第五，将羔羊放在热炕上或用热水袋热敷腹部，同时灌给热奶或热水。

6. 羊传染性脓疱病 俗称“羊口疮”。是由羊口疮病毒引起的一种人、兽共患性传染病，主要危害羊，尤其是3～6月龄的羊，未接种过本病疫苗的成年羊也发病。常呈群发性流行。猫和人较少见。该病毒抵抗力较强，可连续危害羊群多年。大多数痊愈后的羊可获得终生免疫。

【病　因】 病羊为主要传染源。主要通过皮肤、粘膜感染。

【症　状】 本病潜伏期4～8天。临床上分为唇型、蹄型、外阴型及混合型，以唇型较为常见。

①唇型 病羊先在口角、上唇或鼻镜上出现散在的小红斑，逐渐变为丘疹和小结节，继而发展成为水疱、脓疱。破溃后，结成黄色或棕色的疣状硬痂。如为良性经过，则经1～2周，痂皮干燥、脱落而康复。严重病例，患部继续发生丘疹、水疱、脓疱、痂垢，并互相融合，波及整个口唇周围及眼睑和耳廓等部位，形成大面积痂垢。痂垢不断增厚，基部伴有肉芽组织增生，整个嘴唇肿大外翻呈桑葚状隆起，以致病羊常因采食困难，日趋衰弱而死亡。个别病例常伴有继发感染，如引起深部组织化脓、坏死，口腔粘膜发生水疱、脓疱和糜烂等。

②蹄型 于蹄叉、蹄冠或系部皮肤上形成水疱、脓疱，破裂后形成溃疡。病羊跛行，长期卧地，如果得不到良好的照料，就会因饥饿而衰竭死亡。

③外阴型 母羊表现为粘性和脓性阴道分泌物，在肿胀的阴唇及附近皮肤上发生溃疡，乳房和乳头皮肤上发生脓疱、烂斑和痂垢。公羊表现为阴鞘肿胀，出现脓疱和溃疡。

【预　防】 本病已在全国各地广泛流行，因此，一般的预防措施已无济于事。可接种羊传染性脓疱病疫苗予以预防。也有报道说，接种羊痘疫苗可减轻该病的症状。

【治　疗】 先用水杨酸软膏软化垢痂，除去垢痂后用0.1%～0.2%高锰酸钾溶液冲洗创面，再涂以2%龙胆紫、碘甘油或土霉素软膏，每天1～2次。蹄型则将蹄部置于5%～10%福尔马林溶液中浸泡1分钟，连泡3次；或隔日用3%龙胆紫溶液、土霉素软膏涂拭患部。

促进该病痊愈的主要措施是加强饲养管理，保证羊每天不受饥饿。对吮乳困难的羔羊，可将母乳挤入干净的盐水瓶内，插上吊针管，将吊针管另一端(去掉细段)放入羔羊口中，使羔羊可避免因吮乳造成的疼痛。获得足够营养的羔羊再经过精心治疗，一般不会死亡。对患病的青年羊和成年羊，应供给营养价值高、适口性好、不伤及口腔粘膜的青绿饲料和配合饲料，诱导羊摄取足够的营养。

7. 羊肠毒血症 又称软肾病、类快疫。是由D型魏氏梭菌引起的主要发生于绵羊的一种急性传染病。通常以2～12月龄、膘情好的羊多发本病。牧区以春、夏之交抢青时和秋季牧草结籽后发病较多，而农区则多见于收割抢茬季节或食入大量富含蛋白质的饲料时。多呈散发性流行。

【病　因】 D型魏氏梭菌主要存在于病羊的十二指肠、回肠内容物和粪便及土壤中，健康羊采食了被污染的饲料或经过饮水而被感染。雨季，气温突变，在低洼潮湿地区放牧，缺乏运动，突然喂给适口性较好的饲料或偷吃过多的精料等，都可促使本病发生。

【症　状】 以急性死亡和死后肾脏软化为特征。病羊多为急性经过，突然不安，迅速倒地，昏迷，呼吸困难，继而窒息死亡。病程较慢的羊，表现为初期兴奋不安，空嚼咬牙，转圈或撞击障碍物，随后倒地死亡。病羊濒死前，可出现肠鸣、腹泻，粪便混有粘液和灰白色假膜，有恶臭气味。有的病羊行走不稳，肌肉震颤，四肢抽搐痉挛，头颈后仰，鼻流白沫，口腔粘膜苍白，在昏迷中死亡。本病一般体温不高，病程一般1～4小时，最长不超过24小时。

【预　防】

第一，加强饲养管理，做到精、青、粗和多汁饲料均匀搭配，防止羊食入过量的精料或采食过多的嫩草。

第二，在本病流行季节前，给羊接种快疫、羊猝殂、羊肠毒血症三联菌苗。当年出生的羔羊，宜在哺乳期和断奶后各接种1次三联苗，2次间隔40～50天。

【治　疗】 本病尚无理想治疗方法。可口服磺胺嘧啶，每次5～6克，每日2次，连服3天；或用针剂青霉素，每次80万～160万单位，肌内注射，每日2次，连用3天。并结合强心、镇静、解毒，进行对症治疗。

8. 羔羊白肌病 羔羊因肌肉营养障碍引起心肌和骨骼肌变性的一种疾病，故又称肌肉营养不良症。常见于降水多或灌溉地区或豆科牧草地放牧羔羊、早龄补饲羔羊和喂给高营养日粮羔羊。

【病　因】 羔羊缺硒、缺维生素E或硒与维生素E同时缺乏所致。

【症　状】 羔羊生后数周或2个月后发病。病羔羊弓背，四肢无力，精神不振，后肢僵直，站立困难，卧地不起，但仍思食，有吮乳或吃食愿望。慢性时，增重慢，有呼吸道症状，直肠脱出。死亡前常呈昏迷状，呼吸困难；死后剖检见骨骼肌苍白。在同群中有数只羔羊出现上述症状时，即可怀疑有白肌病。

【预　防】 每季度注射 1 次亚硒酸钠维生素 E 注射液或饲料中添加硒元素。

【治　疗】 亚硒酸钠维生素 E 注射液，每只羔羊 1～2 毫升，肌内注射。

二、放牧肉羊常见病的防治

(一)激素紊乱症

植物性饲料除了含有肉羊所必需的营养物质外，还含有某些有害物质。人们往往只重视其营养成分的数量和质量，而忽略其有害成分含量及其对动物的危害性。事实上，正是那些具有较高营养价值的植物含有较多的雌激素和有毒物质。长期饲喂富含雌激素饲草可使母畜的卵巢功能受到损害，导致妊娠率下降，胚胎死亡，甚至出现永久性不育。

植物雌激素广泛分布于豆科饲料中，三叶草、苜蓿、马蚕豆、豌豆植物中含量较高，主要存在于绿叶中，植株衰老时消失，快速干燥的地三叶中含量较高。草地的磷、硫、氮肥不足时，地三叶的激素含量增加。在地三叶草地上放牧的羊会出现严重的临床症状，包括产羔率低、子宫脱出、难产、子宫炎、子宫积水、子宫水肿等，甚至表现为永久性不育。阉公羊尿道球腺肿大甚至死亡。因此，肉羊应避免长期在豆科草地上放牧。

(二)光敏物质过敏症

动物采食含有光敏物质的植物后，发生以皮肤无色素部位出现红斑皮炎为主要临床症状的类变态反应病。荞麦的种子、茎叶和花中的荞麦素是一种荧光色素，其中以种子外壳及开花期茎叶含量最高。荞麦苗所含的原荞麦素在阳光下转变为荞麦素。采食荞麦的家畜在日光照射下，无色素部位皮肤会出现“荞麦疹”。寄生在植物上的蚜虫体内含有光敏物质，羊大量采食寄生蚜虫的牧草、菜叶类饲料后，会出现过敏反应甚至死亡。另外，苜蓿、红三叶草、杂三叶草、灰菜等也可引起羊过敏。对光敏物质仍无特异性解毒剂，羊发病后应立即停止饲喂可引起过敏的饲料或离开放牧地，进入阴暗处，避开阳光直射。严重时可用抗过敏药物，如肌内注射本海拉明，静脉注射10%葡萄糖酸钙或5%氯化钙。对皮肤病变，可用1%～2%鞣酸、0.1%高锰酸钾、3%硼酸等溶液冲洗，涂以氧化锌软膏或各种消炎软膏。

（三）牧草毒物中毒症

1. 生物碱中毒 黄花羽扁豆、窄叶羽扁豆、白花羽扁豆的种子和茎秆中含有羽扁豆生物碱类，种子中含量达0.3%～1.08%，家畜采食过量的羽扁豆会出现肝和神经综合征、幼畜畸形病。多年生黑麦草和多花黑麦草含有0.02%～0.05%的佩洛灵，其幼苗和嫩枝的含量达0.1%～0.25%。干草中含有较多的组胺，其含量达20微克时，可引起家畜强直病。另外，苇状羊茅和牛尾草中也含有一定量的佩洛灵，家畜采食后也出现中毒症状。聚合草含有聚合草素、聚合草醇碱、向阳紫草碱等，总含量为0.2%～0.3%，其中聚合草素占生物碱总量的1/4，含量高而毒性大，主要损害肝脏，甚至可致癌。马铃薯含有茄碱，以浆果含量最高，占鲜重的0.56%～1.08%，嫩枝次之，为0.37%～0.73%。茎叶和花含量也较高，大量饲喂家畜会引起胃肠炎和中枢神经系统麻痹。成熟块茎含量极微，不致引起家畜中毒。紫云英含有葫芦巴碱，以新鲜茎叶或干草大量饲喂家畜均可引起中毒。另外，箭筈豌豆的种子和花中的野豌豆碱和原野豌豆碱对家畜都有一定危害。生物碱中毒目前无特异解毒剂。中毒早期，可用0.5%鞣酸溶液或0.5%高锰酸钾溶液进行洗胃。同时配合静脉注射5%葡萄糖溶液、5%葡萄糖生理盐水或复方氯化钠注射液。

2. 氢氰酸中毒 据统计，含有氰苷的植物达75种以上。高粱、苏丹草、白三叶、百脉根、箭筈豌豆、毛苕子、木薯、拟高粱、蒋森草均含有氰苷，以幼苗和再生苗中含量高，高粱营养期叶片中氰苷含量最高，比蜡熟期高20倍以上，每100株达250毫克，羊采食250毫克即可致死。蔷薇科植物中杏、梅、桃、李、枇杷、樱桃等的叶片和核仁中均含有苦杏仁苷，羊大量采食后可引起中毒。此外，毛苕子、燕麦、多年生黑麦草、大黍、象草、玉米等也含有一定量的氰苷，饲喂时应予以注意。苷本身无毒，但含有氰苷的植物被动物采食、咀嚼后，其组织遭到破坏，在有水分和适宜的温度条件下，水解产生氢氰酸而中毒。羊急性氢氰酸中毒在采食后15～20分钟即可出现症状。表现为呼吸困难，可视粘膜呈鲜红色，肌肉痉挛乃至角弓反张，全身或局部出汗，瘤胃臌气。随后精神沉郁，站立不稳或卧地不起，窒息死亡。中毒严重的动物在15～20分钟，甚至数分钟内死亡。因此，绵、山羊应尽量避免或限量采食富含氰苷的植物。治疗可用1%～3%的亚硝酸钠溶液静脉注射(羊总量约1克)，再用5%～10%硫代硫酸钠溶液(羊总量为2～3克)静脉注射。为了争取时间，可将2种药混合静脉注射。若症状未见缓解，1小时后再重复注射半量或全量硫代硫酸钠。亚硝酸盐用量不宜过大，且不宜重复给药。在中毒早期，可内服10%硫代硫酸钠或1%硫酸亚铁溶液。如果没有亚硝酸钠，可大剂量静脉注射高渗葡萄糖溶液。

3. 瘤胃臌胀病 该病的病因很多，由植物皂苷引起的羊瘤胃臌胀病较常见。皂苷广泛存在于植物的叶、茎、花和果实中，其中以苜蓿含量最高，紫花苜蓿全株的皂苷含量达0.5%～3.5%，以根含量最高，叶次之，茎最少。生长期的幼嫩苜蓿皂苷含量较高，随成熟期的推移而呈下降趋势。多施氮肥的苜蓿中皂苷含量较少。红三叶和白三叶的皂苷含量为0.23%。其他植物如大豆、花生、菜豆、羽扁豆、豌豆、鹰嘴豆、草木犀、油菜饼及甜菜也含有皂苷，但其含量远远低于苜蓿。

皂苷具有降低液体表面张力的作用，当反刍动物采食单一或大量的富含皂苷的植物时，皂苷在瘤胃与水形成大量的持久性泡沫，夹杂在瘤胃内容物中。当泡沫不断增多、阻塞贲门时，使嗳气受阻，瘤胃臌气。因此，应禁止羊采食单一或大量的富含皂苷的植物，严禁阴雨天或有露水时在幼嫩苜蓿地上放牧。一旦发生瘤胃臌胀病，应立即灌服消气灵或植物油，严重时需进行瘤胃穿刺排气。

4. 香豆素中毒 草木犀属牧草所含的香豆素在发霉腐败时分解为双香豆素，白花草木犀的香豆素含量最高，为1.05%～1.4%，细齿草木犀含量最少，为0.01%～0.03%，黄花草木犀为0.84%～1.22%。草木犀叶片的香豆素含量以孕蕾期最低，青荚期最高，而茎秆含量以成熟期最低，孕蕾期最高。苜蓿感染真菌后也含有双香豆素，对羊造成一定的危害。羊食入10微克双香豆素就会出现一般临床症状，食入20～30微克时就会出现明显的凝血时间延长、器官组织广泛性出血、胎儿死亡流产。因此，羊应限量饲喂草木犀并与其他禾本科牧草搭配饲喂，一旦发病，应立即停止饲喂，并用维生素K_3进行肌内或静脉注射治疗。发霉的苜蓿应禁止饲喂。

5. 硝酸盐中毒 许多牧草和饲料作物都含有硝酸盐，如甜菜、马铃薯、甘薯、牛皮菜、燕麦、玉米、苏丹草等。马铃薯茎叶的硝酸盐含量可达4.7%，燕麦干草的含量为2.5%～7%，苏丹草在不施氮肥的情况下，整个生长期的硝酸盐含量都超过0.15%。新鲜叶菜类饲料的亚硝酸盐含量较低，只在黄化、干旱时，亚硝酸盐含量才上升。牛、羊采食受旱玉米会发生硝酸盐中毒。硝酸盐在牧草调制不当或瘤胃微生物的作用下转变为亚硝酸盐，从而引起羊机体严重缺氧、呼吸中枢麻痹、窒息死亡，也可引起胎儿死亡、流产。

生产实践中，预防与治疗硝酸盐中毒的措施如下。

第一，青绿饲料宜新鲜生喂，不要堆积发热或堆放过久，如果腐烂变质，严禁饲喂动物。需要熟制时，宜大火蒸煮，凉后即喂，不要小火焖煮。

第二，在青绿饲料临近收割或放牧时，不要施过多的氮肥。

第三，对中毒动物按1～2毫克/千克体重的剂量(小动物)静脉滴注或肌内分点注射1%亚甲蓝(亚甲蓝1克，溶于10毫升乙醇中，再加入生理盐水90毫升)，也可用甲苯胺蓝，按5毫克/千克体重剂量静脉注射或肌内、腹腔注射。

6. 单宁中毒　单宁分栎单宁和单宁酸两类。栎单宁是一种对动物健康有危害作用的水解单宁，主要存在于栎树芽、蕾、花、叶、枝条、种子中。羊采食后，很快发生中毒。单宁酸广泛存在于饲料作物和牧草中，以高粱、油菜籽、豌豆、各种树叶及果实中含量较高。单宁酸与口腔起润滑作用的糖蛋白结合，形成不可溶物，产生苦涩味，影响羊采食量。同时，还抑制消化酶活性、增加内源氮消耗量、降低氨基酸利用率。预防单宁中毒的措施是禁止家畜采食栎树叶，尤其是嫩芽。一旦发生中毒，可用5%～10%硫酸钠静脉注射，每日1次，连用2～3

次。羊用量为100毫升/次。另外,家畜的饲料源尽可能多样化,限制采食高单宁酸的饲料。

7. 草酸中毒 草酸又名乙二酸。在植物中多以草酸盐的形式存在。常见的富含草酸盐的饲用植物和牧草有饲用甜菜、菠菜、苋菜、牛皮菜、马齿苋、蓝稷、羊蹄、酸模(如鲁梅克斯)、酢浆草、紫花苜蓿、干稻草、水浮莲等。草酸盐可存在于整个植株中,叶子含量最高,其次为花、果实与种子,茎含量最少。虽然反刍动物对草酸盐的耐受力较大,但如果干草中草酸含量达10%以上时,羊采食后也会中毒。因此,给羊饲喂富含草酸盐饲料时,应限制饲喂量并与其他饲料搭配饲喂,空腹饥饿时不能在生长富含草酸盐植物的地区放牧。另外,可在日粮中补充钙制剂,如磷酸氢钙、碳酸钙、石粉,提高锌、铁、铜、镁等元素在日粮中的添加量。

(四)寄生虫病

1. 吸虫及线虫病 羊只采食低洼潮湿地区(如沼泽地、河渠边、河滩地)的牧草、水生植物(如水花生、水浮莲等)、水淹过的青草、露水草或小雨后的阴天草,饮用雨后地面积水、夏季长时间曝晒水、污水,或接触池塘、水田、沼泽地和湖泊中的水源,都可感染片形吸虫、前后盘吸虫、日本血吸虫、莫尼茨绦虫、血矛线虫和食道口线虫。

【预　防】 应尽量避免在上述地区放牧和饮用不清洁水。每年春、秋两季对羊只进行预防性驱虫,消灭体内外虫原,驱虫后的粪便要收集堆沤发酵或放入沼气池中杀死虫卵后再用作肥料。如果饲料原料缺乏,确需饲喂水生植物,应先用1%食盐驱除寄生虫,再用清水冲洗干净,晾干后供羊食用。

【治　疗】 如果羊已经感染了上述某种或某几种寄生

虫，可根据不同的病程和症状选用药物予以治疗。

①治疗羊片形吸虫病

A. 肝蛭净(三氯苯唑)　按每千克体重10～12毫克，1次灌服。

B. 蛭得净(溴酚磷)　按每千克体重12～16毫克，1次灌服。

C. 丙硫咪唑　按每千克体重10～15毫克，1次灌服。

②治疗莫尼茨绦虫病

A. 氯硝柳胺　按每千克体重75～80毫克，1次灌服。

B. 硫双二氯酚　按每千克体重80～100毫克，1次灌服。

C. 吡喹酮　按每千克体重10～15毫克，1次灌服。

2. 羊鼻蝇蛆病　该病主要危害绵羊，对山羊的危害较轻。

【病　因】　羊鼻蝇成虫出现在春季到秋季，以夏季为最多，而且只在炎热晴朗的白天活动。如果雌蝇在飞翔过程中遇到羊，就会突然冲进羊鼻，将幼虫产在羊的鼻孔内或鼻孔周围(一只雌蝇在几天内能产下约600条幼虫)，幼虫爬进鼻腔、鼻窦、额窦等处，少数能进入颅腔内，发育为第二期幼虫，仍停留原处，继续发育为第三期幼虫。幼虫在鼻腔内寄生9～10个月，到翌年春季，幼虫成熟后即从鼻孔爬出。当羊打喷嚏时喷出，成熟幼虫落地化为蛹。蛹经过1～2个月后羽化为成蝇。成蝇的寿命不超过3周。因此，本病常于每年的夏季感染，翌年春季发病。

【症　状】　病羊初期流出浆液性鼻液，后为粘液性和脓性，鼻孔周围逐渐形成硬痂，造成呼吸困难。病羊表现不安，打喷嚏，时常摇头，摩鼻，眼睑水肿，流泪，食欲减退，日渐消瘦。严重时，幼虫伤及脑膜可引起神经症状，表现为运动失调，旋转运动，最后食欲废绝，极度衰竭死亡。

【预　防】 在成蝇飞翔季节，将10%的精制敌百虫软膏涂在羊鼻孔周围，每5天1次，可以驱避成蝇和杀死幼虫。

【治　疗】 在羊鼻蝇蛆第一期幼虫期间进行治疗效果较好，在第三期幼虫期间治疗效果较差。具体治疗办法如下。

①鼻腔内喷射药物　可选择0.1%～0.2辛硫磷、0.03%～0.04%巴胺磷、0.012%氯氰菊酯、3%来苏儿水溶液，用注射器向羊两侧鼻孔喷射，每侧喷10～15毫升，两侧喷药间隔10～15分钟。对第一期幼虫的驱除效果较好。

②鼻孔外涂抹药物　用10%的精制敌百虫软膏涂在羊鼻孔周围，每5天1次。连用3～5次。

③肌内注射药物　阿维菌素按每千克体重0.2毫克1次皮下注射，药效可维持20天，且疗效较高。

④灌服药物　精制敌百虫按每千克体重0.12克，配成2%溶液1次灌服。

⑤药物熏蒸　适于大群防治。选一密封、矮小的圈舍，赶入羊群，用40%敌敌畏乳剂，按每立方米1毫升用药量，一次性倒入烧红的铁锅内，熏15分钟即可。

3. 羊梨形虫病　羊梨形虫病是由巴贝斯科的莫氏巴贝斯虫和泰勒科的泰勒焦虫引起的血液原虫病。前者发病高峰为6～7月份。后者被称为绵、山羊恶性泰勒焦虫病，主要在4～6月份发病，其中以1～2岁羊发病居多。耐过的病羊为带虫者，之后不再重新发病。

【病　因】 各种硬蜱(莫氏巴贝斯虫病的传播者为多种牛蜱、扇头蜱等，山羊泰勒焦虫病的主要传播者是璃眼蜱属和血蜱属的多种蜱)吸血后，将虫体传播给羊，引起发病。

【症　状】 感染莫氏巴贝斯虫的病羊，体温升高至

41℃～42℃，呈稽留热型。病羊初期精神沉郁，食欲废绝，呼吸、脉搏加快，可视粘膜充血、黄染。由于虫体寄生于羊的红细胞中，破坏了红细胞，血液变得稀薄，红细胞减少到每毫升400万以下，而且大小不匀，出现血红蛋白尿。有的病羊出现兴奋、无目的狂跑，突然倒地死亡。

感染山羊泰勒焦虫的病羊，体温升高至40℃～42℃，呈稽留热型，精神沉郁，食欲减退，喜卧，脉搏加快，呼吸急促，肺泡音粗厉，便秘或腹泻。可视粘膜初期充血，继而苍白、轻度黄染，有小出血点。病羊消瘦，体表淋巴结肿大，有痛感，特别是肩前淋巴结肿大尤为明显。病程6～12天，急性病例于1～2天内死亡。

【预　防】

第一，在温暖季节，用0.2%～0.5%敌百虫水溶液喷洒圈舍的墙壁等处，以消灭越冬的幼蜱。

第二，在每年发病季节到来之前，全群注射贝尼尔（血虫净），按每千克体重3毫克配成7%的溶液，深部肌内注射。根据具体情况，每20天1次，共注射2～3次。

第三，做好购进和出售羊的检疫工作，防止该病的传播。

【治　疗】

第一，将贝尼尔按每千克体重5毫克配成2%的溶液，作臀部肌内深部分点注射，每日1次，连用3日。

第二，将咪唑苯脲按每千克体重1.5～2毫克配成5%～10%的水溶液，皮下或肌内注射1次。

第三，将阿卡普林按每千克体重0.6～1毫克配成5%水溶液，皮下或肌内注射，2天后再注射1次。

第四，将黄色素按每千克体重3～4毫克配成0.5%～1%的水溶液，静脉注射。注射药物时不可漏到血管外。注射后数天内，羊要避免阳光照射。必要时，1～2天后再注射1次。

（五）有机磷农药中毒

有机磷农药中毒也是放牧羊常见的中毒病。目前常用的有机磷农药有敌敌畏、乐果、敌百虫等。有机磷农药的毒性都很大，不论是皮肤接触还是经呼吸道吸入；不论是采食了被有机农药污染的饲料还是误食了被有机磷农药喷洒或拌过的农作物、种子、菜叶等都可引起中毒。这些农药进入羊体后，经血液及淋巴液迅速转送到全身，引起中毒。羊中毒后，很快表现兴奋不安，对周围事物敏感，流涎，全身出汗，瞳孔缩小，磨牙，口吐白沫，肠音亢进，腹痛，腹泻，肌纤维震颤等症状。严重病例还出现全身战栗，狂躁不安，向前冲撞，无目的奔跑，呼吸困难，支气管分泌物增多，胸部听诊有湿啰音。瞳孔极度缩小，视力模糊。抽搐痉挛，粪尿失禁，常因肺水肿和心脏麻痹而死亡。

【预　防】 禁止羊到刚喷洒过农药（7天之内）的地区放牧，也不能用刚喷洒过农药的作物作饲料。用农药驱除羊体内外寄生虫时，要严格掌握用药浓度和剂量。

【治　疗】

（1）**皮下或静脉超剂量注射乙酰胆碱对抗剂**　选用硫酸阿托品（每千克体重0.5～1毫克/次），使病羊机体达到阿托品化。严重中毒时，可按其1/3量混于5%葡萄糖生理盐水缓慢静脉注射，另外2/3作皮下或肌内注射。经1～2小时后症状不减轻时，可减量重复注射，直至出现阿托品化状态（口腔干燥、出汗停止、瞳孔散大不再缩小）。以后按一般剂量，每隔3～4小时皮下注射1次，以巩固疗效。

（2）**静脉注射胆碱酯酶复活剂**　选用解磷定或氯磷定

(15～30 毫克/千克体重)，用生理盐水稀释成10％溶液，缓慢静脉注射，每2～3小时1次，直到症状缓解后，酌情减量或停药。

(3)**肌内注射双解磷或双复磷** 首次剂量为0.4～0.8克；以后每2小时注射1次，剂量减半。轻度中毒时，可静脉滴注阿托品或解磷定。中度和重度中毒时，则以两者联合或交替应用为宜，可以互补不足，增强疗效。

在应用特效解毒剂的同时，可采取相应措施除去未吸收的毒物。经皮肤中毒的，用5％石灰水或4％碳酸氢钠溶液或肥皂液洗刷皮肤；经消化道中毒的，用2％～3％碳酸氢钠或食盐水，反复洗胃并灌服活性炭。

治疗本病时，还应当注意：敌百虫、硫特普、八甲磷、二嗪农等中毒不能用碱性溶液洗胃和皮肤；解磷定在碱性溶液中不稳定，易水解为剧毒的氰化物，故忌与碱性药物配伍；氯磷定对敌百虫、敌敌畏中毒症的治疗效果较差。

(六)毒蛇咬伤

不论是农区，还是牧区，都有毒蛇伤害羊的事件发生。毒蛇喜欢生活在气候温和而又隐蔽的地方，活动地点主要是灌木丛、杂草丛、溪旁以及有蛙、鼠、蜥蜴、昆虫和鱼等“猎物”的地方，但随着气候的变化而变化。炎热的夏天，多在阴凉处，寒冷季节多在向阳处。在闷热的天气时活动较多。毒蛇咬伤羊的事件常发生在蛇类刚出洞和将要进入冬眠时。羊被毒蛇咬伤的部位多在跗关节或球节附近，有时咬伤头部。咬伤部位越接近中枢神经及血管丰富的部位，其症状越严重。

【预　防】

(1)**给领头羊带响铃** 羊在前行的过程中始终有响亮的铃声，毒蛇会闻声而逃，这是预防毒蛇咬伤的最简单而有效的方法。

(2)**牧工走在羊群前面** 根据判断，在毒蛇容易出没的地方，先打几鞭再让羊采食，即所谓的“打草惊蛇”。

【治 疗】 对毒蛇咬伤中毒的羊的治疗原则是尽快采取排毒和解毒措施，防止蛇毒扩散，配合对症治疗。

(1)**结扎伤口上方** 用绳子或布带在伤口上方 2～10 厘米处结扎。结扎松紧度以能阻断淋巴及静脉回流为宜，但不能妨碍动脉血液的供应。结扎后每隔一段时间放松一次，以免造成组织坏死。经排毒和服用有效蛇药 3～4 小时后，才可解除结扎。

(2)**冲洗伤口** 结扎后，可用清水、冷开水、肥皂水、3%过氧化氢溶液、0.2%高锰酸钾溶液、2%氢氧化钠溶液冲洗伤口，清除残留的蛇毒及污物；也可用纱布浸湿后敷伤口，以免伤口闭合。

(3)**扩创排毒** 冲洗处理后，用消毒小刀或三棱针划破两个毒牙痕间的皮肤，并压迫周围组织迫使毒液外流。被蝮蛇咬伤的羊不宜作扩创排毒处理，以防出血不止。

(4)**局部注射** 在扩创的同时，向创腔内或周围局部点注1%高锰酸钾、胃蛋白酶或可的松类药物，可破坏蛇毒。也可用0.5%普鲁卡因 100～200 毫升加青霉素进行深部环状封闭，以抑制蛇毒扩散、减轻疼痛、预防感染。

(5)**解毒** 季德胜蛇药、上海蛇药、南通蛇药、广州蛇伤解毒片等内服和外用效果都很好。外敷时，用水将蛇药调成糊状，涂于伤口周围，但不能涂在伤口内。对全身症状严重者，应及时输液、强心，防止休克。

三、舍饲肉羊常见病的防治

（一）消化道疾病

肉羊最常见的消化道疾病是前胃弛缓。肉羊长期饲喂粗硬难以消化的饲草，如稿秆、豆秸等；突然更换饲养方法，如供精料太多、运动不足等；饲料品质不良，如霉败、冰冻、虫蛀等；长期饲喂单调而无刺激的饲料，如麸皮、豆面、酒糟等。此外，瘤胃臌气、瘤胃积食、胃肠炎等病也可诱发该病。

【症　状】　该病分为急性和慢性两种。患急性前胃弛缓时，羊食欲废绝，反刍停止，瘤胃蠕动量减弱或停止，胃内容物腐败发酵，产生大量气体，左腹增大；患慢性前胃弛缓的病羊精神沉郁，喜卧地，被毛粗乱，食欲减退，反刍缓慢，体温、脉搏、呼吸无变化，但瘤胃蠕动力量减弱，次数减少。若为继发性前胃弛缓，常伴有原发病的特征症状。

【预　防】　加强饲养管理，合理配合饲料，禁止饲喂霉变饲料，注意运动锻炼。

【治　疗】

(1)**饥饿疗法**　即禁食1天，然后供给易消化的优质青干草。

(2)**药物疗法**　先投泻剂，成年羊可用硫酸镁20～30克或人工盐20～30克，石蜡油100～200毫升，番木鳖酊2毫升，大黄酊10毫升，加水500毫升，1次灌服。再用促进瘤胃蠕动和防止发酵药，如用2%毛果芸香碱1毫升，皮下注射。

（二）代谢性疾病

1. 瘤胃酸中毒　瘤胃酸中毒是指羊采食大量易发酵碳水化合物饲料后，瘤胃乳酸产生过多而引起瘤胃微生物区系失调和功能紊乱的一种代谢性疾病，因此也叫乳酸酸中毒。

【病　因】　导致羊瘤胃酸中毒的原因，首先是日粮结构突然变化，羊采食过多的精饲料或突然改变日粮组成和饲养方式等；其次是日粮结构不合理，如日粮中含有过多的易发酵碳水化合物（谷物饲料、块茎和块根类作物）、容易发酵的单糖物质（糖蜜、黑色糖浆、葡萄糖）和日粮 pH 值偏低（青贮、渣类、酒糟、蔬菜副产品）等。

日粮谷物种类和加工方法不同，酸中毒发生的概率也不同。玉米通常因适口性好、热能高，大量用于动物配合饲料中。玉米的淀粉含量高达 70%～75%，淀粉在家畜瘤胃中的发酵速度快，发酵程度高，易产生大量乳酸。据报道，羊饲喂玉米 8 小时内瘤胃乳酸浓度上升缓慢，8 小时后迅速上升。当玉米的饲喂量达到每千克体重 60～80 克时，羊出现酸中毒，每千克体重玉米的饲喂量达到 100 克，可视为致死量。但在相同喂量的条件下，小麦和大麦比玉米更容易引起酸中毒。

【症　状】　最急性病例，通常在过食或偷食精料后 4～8 小时内突然发病，表现为精神高度沉郁，虚弱，侧卧而不能站立，有时出现腹泻，瞳孔散大，双目失明，体温下降到36.5℃～38℃，重度脱水。腹部显著膨大，瘤胃蠕动停止，内容物稀软而呈水样，瘤胃液 pH 值低于 5，甚至达到 4。循环衰竭，心跳达 110～130 次/分，终因中毒性休克而死亡。

病情较轻的羊则表现精神委靡，食欲减退或废绝，空嚼磨牙，流涎，反刍减少，瘤胃中度充满，收缩无力，听诊蠕动音消失。体温正常或偏低，心跳快，结膜潮红。机体轻度脱水，眼球下陷，尿量减少。若治疗不及时，病情持续发展可继发或伴发下列疾病，使病情恶化。

①蹄叶炎　当羊过食高碳水化合物饲料后，瘤胃内乳酸含量升高，当 pH 值下降到 4.5 以下时，由不同种类的细菌使组氨酸脱羧，形成高浓度组胺，组胺被吸收后进入真皮，引起淋巴功能停滞，严重充血和血管损害；同时被吸收的细菌产物如内毒素作用于机体，发生弥漫性血管内凝血，微循环障碍，组织缺氧，造成蹄叶炎的发生。

②瘤胃炎—肝脓肿综合征　由于瘤胃内异常发酵，形成的乳酸和其他有毒物质使瘤胃粘膜发炎，食入的异物则破坏上皮，坏死梭菌通过这些急性损伤的部位，侵入粘膜繁殖代谢，再进入小血管、肝脏。这些细菌滞留在肝窦内，产生的毒素引起肝脏凝固性坏死，进一步发展为肝脓肿。

③脑灰质软化症　乳酸酸中毒时，瘤胃 pH 值下降到细菌产生 I 型硫胺酶的最适状态。由于硫胺酶分解硫胺，并产生硫胺类似物，使血液中硫胺素缺乏或形成新的结构类似物以阻止丙酮酸的氧化，结果使血液中丙酮酸含量增加。这些变化及其他一些未知因子引起血管周围和神经元周围水肿，导致局部出现缺血性灶性坏死，神经元耗竭而导致死亡。

④突然死亡综合征　采食大量的精料后，羊瘤胃内革兰氏阳性菌迅速繁殖，乳酸蓄积，pH 值下降，革兰氏阴性菌大量死亡，崩解释放出内毒素，当胃壁损伤或发炎时，细菌内毒素迅速通过瘤胃上皮进入血液，导致机体发生弥漫性血管内凝血，产生内毒素性休克或过敏性休克。

⑤皱胃疾病　乳酸酸中毒可引起皱胃积食、变位、溃疡等。这是由于瘤胃内的高酸度的内容物进入皱胃后，对胃粘膜

产生刺激作用，同时吸收的组胺刺激胃分泌过量的盐酸和胃蛋白酶，随着胃的蠕动而使胃分泌物移至幽门部，发生消化性局灶性变性、出血，缺乏粘液，循环不畅以及坏死，引起糜烂和溃疡。同时，由于瘤胃内挥发性脂肪酸增多且迅速进入皱胃，抑制了皱胃的运动，使皱胃内容物停滞，引起皱胃积食和变位。

【预　防】

第一，控制淀粉的进食量。由于淀粉在瘤胃中的发酵速度快，发酵程度高，因此，控制淀粉的摄入量是防止瘤胃酸中毒的主要技术措施。在生产中，提高家畜日粮精饲料水平，通常需要 2～4 周的过渡期并逐步提高饲喂量，使瘤胃能够逐渐适应饲料的变化。此外，将发酵速度不同的几种谷物饲料以适当的比例搭配使用。

第二，中和瘤胃产生的部分有机酸。中毒是由于瘤胃中有机酸的积累过多而造成的。因此，通过增加进入瘤胃的碱性物质来中和瘤胃产生的大量有机酸。目前最常用的措施是在日粮中直接添加碳酸盐等缓冲剂和增加日粮中有效中性洗涤纤维的含量。通常是在肉羊日粮中添加 0.5%～1.0 的碳酸氢钠（以精料干物质为基础）。

第三，在日粮中适当增加高纤维素饲料（如农作物秸秆）。

【治　疗】　治疗的原则是排出有毒的胃内容物，中和瘤胃内容物的酸度，及时补液，防止脱水。先用胃管排出瘤胃内容物，再用石灰水（生石灰 1 千克，加水 5 升充分搅拌，取其上清液）反复冲洗，直到瘤胃液无酸臭味，pH 值呈中性或弱碱性为止。中和血液酸度，缓解机体酸中毒，可静脉注射 5%碳酸氢钠溶液 200 毫升。然后静脉注射 5%葡萄糖生理盐水或复方氯化钠溶液 500～1 000 毫升。其中加入强心剂效果更好。

2. 尿路结石

【病　因】 饲料中钙、磷比例不平衡(如钙、磷比例为1∶1)等是引起尿结石(石淋)的主要原因。即溶解于尿液中的草酸盐、碳酸盐、磷酸盐等在凝结物周围沉积形成大小不等的结石,结石核心可能是上皮细胞、凝血块、尿圆柱等有机物。由尿路炎症引起的尿潴留或尿闭也可促进结石形成。

【症　状】 本病多见于精饲料饲喂量较大、运动量较小的公羊。早期表现为不排尿,腹痛,不安,紧张,踢腹,频作排尿姿势,起卧不止,甩尾,离群,拒食。后期则排尿努责,痛苦咩叫,尿中带血。尿道结石可致膀胱破裂。该病可借助尿液镜检加以确诊,镜检可见有脓性细胞、肾盂上皮、沙砾或血液。对尿液减少、尿闭或有肾炎、膀胱炎、尿道炎病史的羊,不应忽视本病的发生。病程5～7天或更长。

【预　防】

第一,控制精料饲喂量或在精饲料中添加2%氯化铵或1%碳酸氢钠。

第二,注意饲料营养成分的平衡。配合饲料中钙、磷比应保持2∶1,并具有足量的维生素A。

第三,平时注意供给足够的饮水,增加食盐喂量(占日粮的1%～1.5%)可刺激羊多饮水,减少结石生成。

第四,注意尿道、膀胱、肾脏炎症的治疗。

【治　疗】 药物治疗一般无明显效果。早期治疗,先停食24小时,口服氯化铵,按每千克体重0.2～0.3毫克,连服7天,必要时适当延长。成年羊,尤其是种羊治疗,可施行尿道切开术,摘出结石。

（三）尿素中毒

羊采食的尿素过多或在瘤胃内释放速度过快，超过微生物的利用能力，大量的氨被吸收入血液中，超过了肝脏将其合成尿素排除的限度，就会出现氨中毒。高血氨可抑制中枢神经系统的活动，同时，氨可与 α-戊二酸结合，使三羧酸循环的中间产物减少，导致机体，特别是大脑的能量供给不足，造成神经系统功能的严重障碍而危及生命。另外，氨是碱性物质，大量的氨在瘤胃内蓄积，可使瘤胃的 pH 值升高，破坏瘤胃内微生物生存的适宜环境，使瘤胃的功能出现严重障碍。

【症　状】 羊尿素中毒一般在喂后 15～40 分钟出现症状。轻者精神不振，站立不安；重者呼吸困难，卧地不起，肌肉痉挛，流涎，鼻孔内有红褐色液体，眼球下陷、结膜紫绀，排尿频繁。剖解后见皮下淤血，腹腔有强烈的腐败气味，瘤胃饱满，浆膜呈暗褐色，切开有刺鼻的氨味，粘膜脱落，基底层出血，胃内容物呈白色与褐色相间。肠粘膜脱落出血，其中以小肠段的出血和溃疡最为明显。肝脏肿大，含血量增多，质地变脆，胆囊扩张，充满胆汁。肾脏肿大，有尿酸盐沉积。肺脏淤血，心室扩张。急性重度中毒羊在 30～40 分钟死亡。

【预　防】

(1)**严格控制饲喂量**　严格控制日粮中尿素添加量并使其与其他饲料混合均匀。

(2)**禁止单纯喂尿素**　喂前先将尿素溶于少量水中，然后均匀地拌入精料中，分次饲喂。

(3)**控制富含尿素酶饲料源的饲喂量**　黄豆、黑豆、豆饼、刺槐叶、紫穗槐叶、紫花苜蓿草等均含有尿素酶。羊在采食尿素后，瘤胃中的有益微生物在尿素慢慢分解并放出氨的过程中获得营养迅速繁殖，才能形成大量菌体蛋白。如果羊采食含有尿素酶的饲料，尿素酶在瘤胃中可加速尿素分解并在短时间内大量释放氨，使有益菌不能大量繁殖，因而不能获得大量菌体蛋白，饲喂尿素也就失去了意义。同时，由于尿素在短时间内释放大量的氨，被瘤胃吸收后可引起羊尿素中毒。

(4)**控制高蛋白饲料源饲喂量** 在一般情况下，高蛋白饲料源(如豆类)的尿素酶含量较高。在利用尿素喂羊时，饲料中的粗蛋白质含量不应超过12%。

(5)**禁止喂后立即饮水** 因为尿素在水中迅速溶解后释放出大量氨，瘤胃微生物来不及有效利用而使氨直接进入真胃，被羊体吸收，引起中毒。因此，羊在喂尿素后1小时之内不能饮水。

(6)**禁止空腹饲喂** 羊空腹时采食含尿素的饲料使瘤胃内尿素浓度过大，微生物也来不及有效利用尿素释放出的氨，致使氨直接通过胃壁而被羊体吸收，引起中毒。

(7)**禁用抗菌药物** 在羊饲喂尿素期间，同时应用抗生素类添加剂或药物，大量的有益微生物被杀死，尿素所释放的氨不能被微生物有效利用而进入血液，引起羊中毒。磺胺类药物还可使硫发生络合反应而引起硫络血红蛋白症。因此，饲料中如果添加了尿素，就不能同时添加抗菌药物或添加剂。另外，饲喂大量青草时不要再添加尿素。

(8)**不给羔羊喂尿素** 7周龄前的羔羊瘤胃微生物区系还不稳定，功能还未健全，没有足够的微生物利用尿素所释放出的氨，因此，不宜给羔羊喂尿素。

【治　疗】 急救办法是：尽快给病羊灌服酸奶或酸乳清400～500毫升，或者灌服0.5%的食醋400～500毫升，同时静脉注射10%～25%的葡萄糖液，每次100～200毫升。食醋通常含有5%左右的醋酸，醋酸可以降低瘤胃内容物的pH值，抑制尿素持续分解，从而减少羊对氨的吸收。

（四）传染病

1.假结核病 假结核病是由结核棒状杆菌引起的一种慢性传染病。多侵害局部淋巴结，形成脓肿，脓呈干酪样，故又叫干酪样淋巴结炎。有时在病羊的肺脏、肝脏、脾脏及子宫等内脏器官上形成大小不等的结节，内包浅黄绿色干酪样物质，从表面上看，与结核病的结节相似，因此被称为假(伪)结核病。本病分布广，发病率高。绵羊和山羊均可患病。

【病　因】 结核棒状杆菌不仅存在于粪便和自然界的土壤中，而且也存在于动物的肠道、皮肤及被感染器官，特别是化脓的淋巴结中，可随脓汁、粪便等排出而污染羊舍、草料、饮水和饲用器具，使健康羊受到污染。本病主要通过伤口感染，如打号、去角、脐带处理不当、尖锐异物等引起的外伤等均可造成该病原菌侵入，也可通过消化道、呼吸道感染以及吸血昆虫传染。

【症　状】 根据病变发生的部位，临床上可分为体表型、混合型和内脏型三种。其中以体表型多见，混合型次之，内脏型较少见。

【预　防】 定期检查羊，发现体表淋巴结肿大、化脓者，应隔离饲养，及时治疗或淘汰。对自然破溃污染的场所应进行彻底消毒。对成熟脓肿切开排脓时，应用器具收集脓汁，妥善处理，防止病菌扩散。

【治　疗】 对有全身症状的病羊，可用0.5%黄色素10～15毫升，1次静脉注射，同时肌内注射青霉素160万～320万单位，每日2～3次。局部病变可在脓肿成熟、触之有波动、表面被毛脱落、皮肤发红时，切开排脓，脓腔涂以稀碘酒。

2. 羊李氏杆菌病 又叫转圈病。是多种家畜、家禽、啮齿动物和人共患的一种急性传染病。其病原菌是李氏杆菌。潜伏期从数天到2个月不等，平均为3周。病程一般为3～7天，长者为2～3周。本病多为散发，发病率低，病死率很高。绵羊较山羊容易发病。

【病　因】 患病动物和带菌动物是本病的传染源，其分泌物、排泄物含有大量病菌，这些病菌可能通过消化道、呼吸道、眼结膜或损伤的皮肤感染健康动物。

【症　状】 病羊初期体温升高到40℃～41.6℃，不久降至常温。病羊表现精神沉郁，采食量下降或停止。多数病羊表现各种神经症状，如视力减退或消失，头颈偏向一侧；遇到障碍物时，常以头顶着不动，转圈倒地，四肢作游泳姿势，颈部强直，角弓反张；面部神经、咬肌和咽部出现麻痹，最后昏迷等。孕羊流产，羔羊呈急性败血症而迅速死亡。

有神经症状的病羊死后剖检，可见脑及脑膜充血、水肿、出血，脑脊髓液增多、稍显浑浊。流产母羊胎盘发炎，子叶水肿，子宫内膜充血、出血和坏死。表现败血症的病羊肝脏有坏死灶。

【预　防】 目前尚无满意的疫苗予以预防。主要采取严格检疫，一旦出现病羊，及时隔离与淘汰。消灭啮齿动物，满足羊营养供应，对环境与器具进行彻底消毒。

【治　疗】 各种抗生素均有良好的治疗效果。可用青霉素20万单位、链霉素25万单位，肌内注射，每日2次，连用3～5天。

3. 传染性结膜角膜炎 该病又叫“红眼病”。是羊常见的一种急性传染病。其病原菌为嗜血杆菌。

【病　因】 病羊是主要传染源。病菌存在于眼结膜及分泌物中，主要通过接触传染，打喷嚏和咳嗽时喷出的飞沫也可传染。圈舍狭小、羊群密度大、空气污浊是本病主要的诱因，刮风、尘土飞扬也可促使本病的发生。

【症　状】 主要表现为结膜炎。病羊最初眼睛怕光流泪，眼睑半闭，眼内角流出浆液或粘液性分泌物，不久则变成脓性，结膜潮红充血，其后发生角膜炎和角膜溃疡。随着病情的发展，可继发虹膜炎，以后浑浊度增加，呈云翳状。

【预　防】 羊舍要通风透光，保持清洁卫生，无明显的氨气味。面积要适中，严禁羊群密度过大。发现病羊及时隔离并放在较暗处。

【治　疗】 本病如果能及时治疗并改变空气污浊的环境条件，一般呈良性经过。具体治疗措施有以下三条。

第一，病初，可将青霉素粉直接吹入眼内，每天 2 次。连用 2～3 天。

第二，用 2%～4%硼酸水洗眼，拭干后再用 3%～5%弱蛋白银溶液滴入结膜囊，每日 2～3 次。

第三，角膜浑浊时，可采用自血疗法。即用 2 毫升注射用水稀释 1 支青霉素后采取该病羊全血 5～10 毫升，混匀后立即分点注射于眼睑皮下或直接注射于眼底。间隔 2～3 天后，可根据情况再注射 1～2 次。

四、应激

应激是动物机体对一切胁迫性刺激表现出的适应反应的总称。包括两种情况，即顺应激与逆应激。顺应激指刺激引起的反应是有益的，如运动可以增强体质等；而逆应激则是指刺激引起的反应是有害的。通常提到的应激反应就是指逆应激。

引起逆应激的诱因或应激原因很多，除过热、过冷等自然因素外，主要是人为因素，如运输、驱赶、母子分离、隔群、混群、抓捕、保定、去势、断尾、烙印、免疫接种等。大多数因素作用时间短，强度小，一般仅引起机体一定范围内的代谢反应，不一定出现临床症状，但有的应激因素强度大，作用时间长，可引起明显的症状与病理变化，甚至可致羊死亡。

（一）应激的临床表现

1. 猝死性应激综合征 这一类型最急，在羊受到强烈的刺激后，尚未表现出症状之时就突然死亡。其原因可能是羊突然受到惊恐，神经高度紧张，全身小血管收缩，先是皮肤、内脏组织缺氧，然后是心脏、脑、肌肉血管收缩，缺血缺氧。强烈的应激可使羊不表现症状立即死亡。

2. 热应激综合征 主要是夏季在烈日下受阳光曝晒或环境温度过高所致。绵羊的适宜温度范围为 21℃～25℃，在这一温度范围内，羊有机体代谢稳定，用于维持的能量消耗最少，饲料转化率和生产力最高，生产上最为经济。当环境温度高于 30℃时，羊体散热受阻，热平衡被破坏，积热增加，便出现热应激。严重时可导致羊死亡。当体温达到 42℃～43℃时，代谢明显增加，更增加了体温上升，出现酸中毒，呼吸加快，脱水，循环衰竭。当钠、钙失去过多时，出现肌肉痉挛，当体温达到 43℃～45℃时，蛋白质变性，羊死亡。

高温也是对胚胎发育危害性最大的应激因素。

3. 运输应激综合征 引起运输应激的因素有以下几点。

（1）**惊恐** 运输之前对羊的抓捕、驱赶、拥挤、相互攻击，装车后的通风不良、光线暗淡、环境陌生都使羊惊恐不已。

(2)**损伤疼痛** 运输过程中，相互拥挤、践踏，致伤事件时有发生。

(3)**饥饿与疲劳** 长途运输过程中缺乏饲料、饮水，动物惊恐，强迫站立，均要消耗大量体力，导致消瘦，脱水衰竭。

4. 营养缺乏症 在应激条件下，羊体内的某些激素、酶类及离子平衡发生变化而影响物质的代谢，从而使机体出现营养失衡，如因铬排泄量增加而出现缺铬症，还可影响动物对钙、磷、钾的吸收。

5. 其他管理因素 对于诸如接种疫苗、断尾、去势等短期不太强的应激，是现代化生产中不可避免的操作程序，一次应激一般不会对羊机体造成明显损害。但不断地发生这种应激也可形成积累效应，影响生产性能的发挥。有些疫苗的免疫应激反应很重，甚至引起死亡。

(二)应激对免疫系统的影响

在整个应激过程中，羊不仅表现出一系列临床病理反应，而且引起对环境因素反应的敏感性减弱和免疫力降低。如对各种刺激和环境反应表现冷漠，出现胃肠粘膜出血、糜烂乃至溃疡，肌肉色泽变淡，羊肉质量下降，易患或易感染各种疾病，而且使常见病菌致病性上升。长距离的异地引种，常常使大批羊发病，甚至因感染某些传染病，或处在潜伏期的传染病暴发，发生大批死亡。

(三)应激的预防和应对措施

对不同类型的应激现象应采取不同的预防和应对措施。

1. 解决好适应性问题

第一，要重视羊的行为习性和生理要求，充分考虑他们的适应性，创造更为合理的饲养管理环境，如为了防暑降温或防寒供暖，不仅要改善舍内空间的温度状况，还要控制和改善羊舍周围的温度状况和环境卫生状况，满足羊的基本要求。圈舍周围种植的阔叶树，运动场的凉棚、圈舍的隔热层都是行之有效防暑设施，都能大大降低热辐射的影响。据报道，适宜的环境温度，可使羔羊的生长速度提高12%，饲料转化率提高15%。

第二，给予适当的锻炼，以扩大其适应范围，逐渐提高其适应性。如在可预见的应激发生前，采用药物预防或治疗。

第三，适应是一个循序渐进的过程。因此，环境因素的变化不应当是突然的、剧烈的。

2. 选择适宜饲养的绵、山羊品种 不同的绵、山羊品种具有不同的生理特点，适宜不同的生态环境。养殖者应根据当地生态条件和不同品种羊的生理特点选择饲养品种。

3. 增加采食量 高温应激期间，羊的采食量和消化率下降，因此，应通过增加饲喂次数、提高饲料的适口性来增加采食量，从而提高其生产性能。

4. 调整日粮组成

首先，减少饲料中的粗纤维含量，使其控制在10%左右。因为羊消化道的产热量随粗纤维含量的增加而增加。在高温环境条件下，采食高粗纤维饲料的羊直肠温度、呼吸次数、心率都高于采食低粗纤维饲料的羊。

其次，可在配合饲料中添加缓冲剂（如0.5%～2%的碳酸氢钠）。

5. 防止免疫反应 要求具体进行免疫接种操作人员，对技术精益求精，做到准、快、轻，以尽量减少应激的刺激量。在羊进行免疫前，尤其是在接种免疫反应较重的疫苗前，应选择少量羊进行小范围安全性试验，经约 1 周观察，确认该疫苗安全无误时方可进行大群防疫接种。对患病、体质瘦弱或怀孕羊及 4 月龄前的羔羊可暂不接种，待病羊康复、母羊产后或羔羊断乳后，再予以补充接种。另外，对免疫应激反应较重的疫苗进行肌内注射时，应进行深部肌内注射。

6. 避免高温运输 尽量避免在高温季节或高温季节的高温时段运输，而选择较为凉快的时间（如夜晚）运输。在运输过程中，要注意饮水的供给。

第七章　肉羊生产的经营管理

一、肉羊生产经营管理中存在的主要问题

我国许多羊场和农、牧户，在羊肉和肉羊经营管理中存在的突出问题是决策的盲目性。如凭印象和感觉引进品种，扩大养殖规模，出现投资失误；不进行必要的市场调查，使所生产的产品销售不畅；不搞养殖成本预算，丧失获取利润的机会；不对羊群进行结构整理，使繁殖母羊比例太低，极大地影响了羊群的发展速度；不进行资质预算，在办公条件和羊舍建设上投资过多，羊场开办之日便成了亏损开始之时。

二、肉羊生产经营决策

生产前的决策直接关系着一个羊场或养殖户的经营成败，因此必须予以高度重视。

第一，对经营方向作出决策。要在对肉羊和羊肉市场需求量、消费群体、产品结构、销售渠道、竞争形式等调查研究的基础上，对未来一定时期和一定范围内的肉羊和羊肉市场供求变化趋势作出估计和预测。市场预测的主要内容包括肉羊和羊肉的市场需求量、销售量、市场寿命周期、市场占有率等。如通过调查和预测，得知未来 3～5 年内羔羊肉是羊肉市场上的主宰产品，而且市场空间很大，就应当及时调整计划，转变生

产方向，充分挖掘和利用资源优势，组织力量发展肥羔生产。

第二，对利润目标进行评估。可以说，所有企业或养殖户都在追求最大化利润目标，也是在追求实际目标，即生存目标、双赢目标和可持续发展目标。一般来说，羊场首先要考虑的是自己是否能够生存，即生存目标；其次是双赢目标，即不能只自己赚钱，别人也要赚钱；其三是可持续发展目标，即在稳中求发展。但目标要市场认可，市场对羊产品的质量和价格、成本和利润都可接受。

第三，对经营规模作出决策。经营规模的大小应当依据资金、技术、管理水平、劳动力、设备及市场等因素和条件。在不同环境条件下，肉羊的规模经营效果是不同的，也就是说，规模与收益之间不是绝对的正比例关系。对一个羊场或农户来说，适宜规模只是一个相对概念，并非固定不变，而是随着科技进步、饲养方式、劳动力技术水平、经营管理水平的提高，资金和市场状况的改进以及社会服务体系的完善而发生相应的变化。

第四，对饲养方式作出决策。各羊场和养殖户应根据饲料来源、环境条件、羊群规模、技术水平等肉羊的饲养方式作出选择，或放牧或舍饲，或放牧加补饲。

三、成本管理

肉羊成本管理就是对肉羊或羊肉产品生产成本进行预测、计划、控制、核算和分析等业务活动，是羊场或农户羊群管理工作的主要组成部分，其目的是用尽可能少的投资换取最大的经济收益。

(一)编制成本计划

成本计划是羊场或农、牧户进行成本控制、成本核算、成本分析的依据。主要作用在于增强预见性,减少盲目性,有计划地降低成本。

1. 生产费用计划 按照生产要素来确定羊场的生产耗费,编制生产费用计划。

2. 饲养成本计划 按照成本项目确定羊场的生产耗费,编制每只羊的饲养成本计划和全部羊的饲养成本计划。

3. 控制成本计划 在肉羊生产经营活动中,对构成成本的每项具体费用的发生和形成进行严格的监督、检查和控制,把实际成本限定在计划规定的限额以内,以达到全面完成计划的目的。成本控制可分为三个阶段。

(1)计划阶段 确定成本控制目标。

(2)执行阶段 用计划阶段确定的成本控制标准来控制成本的实际支出,把成本实际支出与成本控制标准进行对比,及时发现偏差。

(3)考核阶段 将实际成本与计划成本进行对比,分析研究成本差异发生的原因,查明责任归属,评定和考核成本责任部门或责任人业绩,修正成本控制的设计和成本限额,为进一步降低成本创造条件。

(二)成本核算

成本核算是羊场或农、牧户管理工作的中心。通过对肉羊饲养成本的核算,分析构成成本各种开支的增减,可以及时掌握某一时期内成本提高或降低的原因,积累控制成本的经验,实现不断降低成本的目的。

生产成本一般分为固定成本和可变成本两大类。固定成本由固定资产(如圈舍、饲养设备、运输工具、动力机械及生活设施等)折旧费和土地税、基建贷款利息、管理费用等组成。这些费用必须按时支付,即使羊场停产仍然要支付。可变成本即流动资金,如购买饲料、药品、疫苗、燃料、水电、易耗品的支出及人员工资等。

肉羊场的生产成本一般由下列项目构成。

1. **草料费**　指羊群实际消耗的各种草料(包括饲草、青贮料、精饲料、添加剂等)费用及其运杂费。

2. **人员工资**　指直接从事养羊生产的人员的工资、奖金、津贴和福利等。

3. **防疫治疗费**　指用于防疫和治疗所用药品、疫(菌)苗、消毒剂的费用及疫病检验费等。

4. **固定资产折旧费**　指羊舍及设备等固定资产基本折旧费。房屋折旧年限一般为:砖木水泥结构15年,土木结构10年。设备折旧如饲料加工机械等一般为5年,拖拉机、汽车一般为10年左右。固定资产修理费一般按折旧费的10%计算。

5. **燃料水电动力费**　指直接用于养羊生产的燃料、水电、动力费等。

6. **种羊摊销费**　指直接用于繁殖的种公、母羊自身价值在生产中消耗而应摊入生产成本的部分。

种羊摊销费=种羊原值-种羊残值

7. **易耗品费**　指低值的工具、劳保用品、材料等易耗品的费用。

（三）生产技术指标分析

生产技术指标是反映生产技术水平的量化指标。通过对生产技术指标的计算分析，可以反映出生产技术措施的效果，以便不断总结经验，改进工作，进一步提高肉羊生产技术水平。

1. 受配率 表示本年度内参加配种的母羊数占羊群内适龄繁殖母羊数的百分率。主要反映羊群内适龄繁殖母羊的发情和配种情况。

$$受配率(\%)=\frac{配种母羊数}{适龄母羊数}\times 100\%$$

2. 受胎率 指本年度受胎母羊数占参加配种母羊的百分率。受胎率又分为总受胎率和情期受胎率两种。

（1）总受胎率 指本年度受胎母羊数占参加配种母羊的百分率。反映母羊群受胎母羊的比例。

$$总受胎率(\%)=\frac{受胎母羊数}{配种母羊数}\times 100\%$$

（2）情期受胎率 指在一定期限（一个情期）内受胎母羊数占本期内参加配种的发情母羊的百分率。反映母羊发情周期的配种质量。

$$情期受胎率(\%)=\frac{受胎母羊数}{情期配种数}\times 100\%$$

3. 产羔率 指产羔数占产羔母羊的百分率。反映母羊的妊娠和产羔情况。

$$产羔率(\%)=\frac{产羔羊数}{产羔母羊数}\times 100\%$$

4. 羔羊成活率 指在本年度内断奶成活的羔羊数占出生羔羊数的百分率。反映羔羊的抚育水平。

$$羔羊成活率(\%)=\frac{成活羔羊数}{出生羔羊数}\times100\%$$

5. 繁殖成活率 指本年度内断奶成活的羔羊数占适龄繁殖母羊数的百分率。反映母羊的繁殖和羔羊的抚育水平。

$$繁殖成活率(\%)=\frac{断奶成活羔羊数}{适龄繁殖母羊数}\times100\%$$

6. 肉羊出栏率 指当年肉羊出栏数占年初存栏数的百分率。反映肉羊生产水平和羊群周转速度。

$$肉羊出栏率(\%)=\frac{年度内肉羊出栏数}{年初肉羊存栏数}\times100\%$$

7. 增重速度 指一定饲养期内肉羊体重的增加量。反映肉羊育肥增重效果。一般以平均日增重表示(克/日)。

$$增重速度(克/日)=\frac{一定饲养期内肉羊增重}{饲养天数}$$

8. 饲料报酬 指投入单位饲料所获得的畜产品的量,反映饲料的饲喂效果。

(四)成本分析

肉羊养殖成本的高低是衡量羊场经营管理成果的综合指标。成本分析是根据成本报表提供的数据,结合计划等资料,运用对比分析法,着重分析每只羊养殖成本构成变化及成本升降的原因。

1. 成本结构分析 首先计划出实际发生的成本结构(如饲料、药品、疫苗、燃料、水电、易耗品和人员工资等各项支出的比例),然后将实际总成本及其各构成要素与计划总成本及其构成要素各部分进行对比,以分析计划成本控制情况和各项成本费用增减变化和影响因素。

2. 成本临界线(又称保本点)分析 在羊场(养殖户)的

经营管理中，如何争取盈利，增加收益，往往需要预先知道自己每年最低限度需要饲养或销售多少羊或羊产品才能保证成本或盈利，这就需要知道本企业的盈亏临界线。保本点分析的实质是考核经营是否盈利的产量(销售量)的转折点，确定盈亏临界线首先要计算产品成本。

肉羊临界生产成本＝饲料价格×饲料耗量÷饲料费占总费用的百分率

如果肉羊出售价格高于此线，羊场就有盈利；否则，就要亏损。通过对肉羊养殖成本分析，及时掌握产品生产盈亏情况，以便羊场或农户根据市场变化快速作出决策。

(五)利润分析

从产品销售收入中扣除生产成本就是毛利润，毛利润再扣除销售费用和税金就是利润。利润分析指标有利润额和利润率。

利润额＝销售收入－生产成本－销售费用－税金±营业外收支差额

利润率是将利润与成本、产值、资金对比，从不同角度说明问题。

$$资金利润率(\%)=\frac{年利润总额}{年平均占用资金总额}\times 100\%$$

年平均占用资金总额＝年流动资金平均占用额＋年固定资产平均净值。

$$产值利润率(\%)=\frac{年利润总额}{年产值总额}\times 100\%$$

$$成本利润率(\%)=\frac{年利润总额}{年成本总额}\times 100\%$$

四、年度营销形势分析

(一)宏观环境分析

了解国内的经济形势和政策方向,如国家刺激消费增长的政策、鼓励行业发展的政策、国民收入增减状况以及重大事件的发生等。因为这些因素可能影响肉羊及其产品的市场购买力。

(二)行业发展趋势分析

分析肉羊及其产品的市场容量和市场特征。通过对市场肉羊及其产品需求情况、价格增减情况、行业竞争特点等调查,预测出未来 2～3 年的肉羊业发展趋势。

(三)产品发展趋势分析

这是对消费需求趋势的分析。在调查了解购买者对肉羊内部性质(如品种、生产性能、适应性等)、外部形态(体型结构、毛色等)和市场表现(如销售方式和渠道)的基本要求的基础上,制定出销售计划。

(四)竞争形势分析

通过与竞争对手营销活动各个环节的详细对比,发现自己与竞争对手间本质的差异,从而对自己的营销活动进行针对性调整,以赢得竞争优势。

（五）发展状况分析

1. 强势分析 主要从营销组织、管理、资源、产品、价格、销售、品牌等各方面，分析自身具备哪些强项，可以与竞争品牌抗衡。但要注意实事求是，避免主观性和自我取悦。

2. 弱势分析 主要从上述各方面分析自身的弱项，以便有针对性地进行改造。

3. 机会分析 主要从行业环境变化和竞争品牌市场盲点中挖掘，其难点在于羊场往往很难将自己认为的机会转化为实实在在的竞争优势或利益，这就需要决策者能冷静地思考和客观地判断。

4. 威胁分析 分析竞争品牌给自己造成的压力，与竞争品牌在各个环节进行详细对比，从威胁中发现竞争品牌的弱势，把握改变局势的机会。

五、提高肉羊养殖效益的主要途径

（一）选择适度规模

目前我国广大农区肉羊养殖规模普遍较小，主要表现为以家庭为饲养单元的养殖形式。规模过小，不利于现代设施设备和技术的利用，效益较低。规模大，其规模效益比较高，也是畜牧业发展的理想模式，但受资金、技术、社会化服务体系建设、城镇化发展以及农民文化、管理水平等条件的限制，规模一旦超出自己的经营管理能力，也难以获取预期收益。我国肉羊业的规模经营是一个渐进过程，必须根据市场、资金、技术、设备、管理经验等因素综合考虑。

1. 规模养殖的概念

(1)规模养殖应有一个“度” 这个“度”的标准就是一个羊场或养殖户能够提供的生产资料(人力、物力、资金、技术等资源)的最有效组合。如一个可容纳1 000只羊的羊场只养了100只羊,势必造成投资成本的增加和劳动时间、生产资料(如场舍资源)的浪费。如果在各种条件或者某一种条件不具备的情况下,突然扩大规模,即使准备不断创造条件,也不能完全避免某种失败。如圈舍狭小,突然增加饲养量,往往会导致疾病暴发。因此,规模经营是以一定的投入为前提的。

(2)规模养殖不仅仅是以单个饲养单位为对象 规模经营还应当以区域经济为对象,求得各经营单位、行业、产业之间的合理组合,充分发挥各自优势,取得总体规模效益。规模经营的本质是畜牧生产力水平和生产社会化程度的反映,其规模及结构取决于科技水平、投资能力、劳动手段水平、原材料(羊)可供量及市场容量。

(3)规模养殖要求各生产要素为优化组合 一种产业必然要由不同的生产要素组成和支持。如肉羊的养殖要素是羊、饲料、劳力、资金、技术、设施等。一定规模的产出必须以一定的物质投入为前提条件。有多大规模的产出,必须有多大规模的按比例投入。而且在一定时期内,羊肉产品的生产总量必须符合市场支付能力的需求总量。规模是否经济合理,还要看该产业经营产出及整个产业的质量、结构和平均消耗,并不一定是规模越大效益越高。规模只是为生产提供了一个条件,利用这个条件,加强管理,提高技术,充分发挥劳动者的积极性,规模养殖效益才能真正发挥出来。

(4)规模养殖的核心是降低成本 规模越大,各生产要素的影响也越大。各生产要素配合、组成越复杂,相应的自然风险、社会风险及市场风险也越大。因此,规模养殖也是一种风险经营。

2. 规模养殖的特点

第一,有利于转变养殖经济增长方式。小规模养殖在单家独户小生产格局下,农户因受到信息、技术、销售等方面的制约,一般很难顺利进入市场,从而使羊产品无法变为商品。规模化可以打破社区界限,建立多种形式的联合体,有较好的条件采用先进的技术手段,提高羊肉产品的深加工能力,实现羊产品的增殖,提高羊产品的价值水平和农、牧民的收入水平。

第二,有利于培养和造就一批能够掌握先进技术、具有经济头脑的新型农民,进一步提高农业经营者素质。

第三,适合肉羊短期育肥。肉羊批量育肥不仅有利于养殖成本的控制,而且有利于羊肉产品的统一加工、贮存、运输和检验,实现商品化生产和经营。

3. 发展规模养殖的条件

(1)经营能力 在其他条件具备时,规模经营的成败最终取决于生产者的素质和经营能力。生产者要具备较高的管理组织才能,具备承受大规模生产存在较高风险的心理素质。

(2)物质技术条件 规模养殖的主要特征之一是其产品科技含量高,科技在畜产品增长中贡献份额增大。只有物质、技术的大量投入,才能提高羊肉生产水平,保证规模养殖利益。否则,规模养殖就失去了依据和活力。

(3)政策环境 发展规模养殖时,要有必要的优惠政策和激励措施,养殖者的正当权利(包括经营权、收益权等)应得到保护。另外,还可制定实行适度风险保障制度等。

4. 肉羊规模养殖应遵循的原则

(1)因地制宜的原则 规模养殖是发展肉羊业的必然趋

势，但一定要从实际出发，按照当地的自然条件或某一公司、羊场的环境条件、经济条件、技术条件制定发展计划，调整养殖规模。在不同的条件下可采用不同规模的养殖方式。对广大农户而言，在从事肉羊饲养初期，不具备大规模养殖条件的农户，应当重视目前的小规模家庭养殖模式，当各种支撑条件具备后，方可逐步扩大养殖规模。不切合实际扩大养殖规模、盲目上马的做法是不可取的。

（2）有利于发展生产力的原则 从根本上讲，规模养殖就是为了发展生产力。实践证明，在条件具备的地方搞规模养殖，使生产资料得到合理配置，特别是提高了饲料加工机械、养殖场地、劳动力、资金的利用率，提高了劳动生产率、商品生产率和经营者的收入，养殖者具有经营安全感。如果条件不具备的地区或羊场仓促上马搞规模养殖，不但不能形成资源的合理配置，相反会打破原来较为合理的资源配置，使生产水平下降。

（3）市场畅销原则 规模大小要与市场容量相一致。既要注重提高产量和质量，降低成本，又要注重调整品种和数量；既要考虑资源的合理配置，又要考虑市场的需求变化，把企业规模与区域市场、全国市场、短期市场以及长期市场相联系。否则，就会造成产品的积压与资源的浪费。

（4）无污染原则 规模化养殖场的布局应从农业内部的生态结构、畜牧业良性循环需要出发，最大限度地减少废弃物对生态环境的污染与破坏。地址不应靠近中心城镇，应当把饲料粮和粮食主产区较好地结合起来。否则，会对城市环境造成污染。另外，大量占用近郊昂贵的土地，也增加了畜产品生产的成本。

5. 养殖规模的选择

(1)农户养殖规模　农区养羊以舍饲为主。在饲料资源比较短缺的地区,每户养殖规模不宜太大。如陕西关中地区人多地少,几乎没有可种植牧草的耕地,羊的粗饲料来源主要是作物秸秆和十分有限的路边杂草,加之可用于羊舍建设的面积小,一般家庭只能养 10～20 只。但是该地区农户居住较集中,这种小规模可以构成一个村的大规模。当年刘荫武先生,就是靠这千家万户的小规模养羊培育出了今日已遍及全国各地的关中奶山羊。因此,在我们大力发展规模养羊的同时,也不要抛弃或忽略农区的小规模养殖。对土地面积较大并种植一定面积的人工牧草的农户,养殖规模可增加到 100～200 只。

(2)牧区养殖规模　牧区肉羊的养殖规模也应根据草场的承载力和经济、技术等条件决定。以 300～500 只为宜,有条件的地方可扩大到 1 000～1 500 只。但冬春季节羊群应压缩 1/3～1/2。

(3)羊场养殖规模　一个羊场就是一个工厂。不论是种羊场,还是商品肉羊场;不论是大羊场,还是小羊场,都必须运用企业经营理念,每一个生产环节都要预先进行评估或预算。根据预算结果决定养殖规模。

(二)饲养良种

品种是影响养殖效益的第一因素。如在舍饲条件下,选择低产土种羊不仅收益低,而且可能出现负效益。因此,应尽量选择肉用性能较好的良种或良种羊的杂交种。必须坚持因地制宜的原则,如果不考虑自己的养殖条件,一味地追求高产品种,失败的概率也很大。如我国北方高原地区,冬季严寒,枯草期长,如果没有较好的圈舍保暖条件和充足的草料贮备,就不宜饲养短毛型羊，如杜泊绵羊和波尔山羊。

（三）调整羊群结构

羊群结构主要指羊群中的性别结构和年龄结构。从性别看，有公羊、母羊和羯羊三种类型，羊群中母羊比例越高越好；从年龄看，有羔羊、育成羊和成年羊，成年羊的年龄又不完全相同。调整羊群结构，要最大限度地提高适繁母羊比例，及时淘汰不孕及流产母羊。如果让整个羊群中的繁殖母羊比例提高到70%以上，可大大提高羊群繁殖力。母羊一般在3～5岁时达到最佳生育状态，7岁老龄羊应逐渐减少，形成有一定梯度的“金字塔”结构，从而使羊群始终处于一种动态的、后备生命力非常旺盛的状态。

（四）提高肉羊的繁殖力

肉羊的繁殖力与品种、饲养环境、饲养方式及季节等因素密切相关。提高繁殖力就可以提高肉羊的养殖效益。

1. 注意多胎性能的选育 母羊的多胎性能直接影响整个羊群的生产力。首先应选择繁殖性能较好的母羊组建基础群，然后在各代繁殖过程中，不断引入多胎性公羊（来自多胎母羊的后代并经后裔测验证明）配种或利用多胎品种杂交改良，可有效地提高群体繁殖力。用于经济杂交的母本更应注意选择高繁殖力的品种或个体。欧洲、美洲及大洋洲养羊业发达国家的经验证明，羊肉的生产效率在很大程度上取决于母羊的繁殖率和羔羊的成活率。在正常饲养管理条件下，每生产1千克羊肉，产双羔的母羊比产单羔的母羊少消耗饲料35%～50%。用高繁殖力的多胎品种进行羔羊肉生产，既可提高母羊的生产水平，又可减少饲养母羊的数量。若把羊群中母羊的比例由 60%提高到 80%,每 100 只母羊所提供的羊肉产量可增加 28%,羊毛产量可提高 13%,而 100 只带羔母羊的饲料消耗量仅增加 16%～18%。

2. 改善繁殖公、母羊的饲养管理条件 营养水平是影响公、母羊繁殖性能的重要因素。饲料单一、营养缺乏和运动量不足均可导致公羊性欲差、精液品质下降。同样,也可导致母羊不发情,不排卵,流产率上升,死胎数增多。因此,配种季节应加强公、母羊的饲养管理,配种前 2 个月就应开始抓膘,满足营养需要。同时注意不要让繁殖公、母羊过度肥胖。在气候和饲养管理条件较好的地区,还可选择羊群中的 2～3 岁青年健康母羊进行人工诱导发情,争取 1 年产 2 胎或 2 年产 3 胎。

(五)实行当年羔羊当年上市

羊的生长增重规律是前期快,后期慢。3 月龄前骨骼生长最慢,4～6 月龄肌肉和体重增长最快,以后脂肪沉积速度增快。到 1 岁时,肌肉和脂肪的增长速度几乎相等,而饲料报酬随日龄增长而降低。因此,要利用羔羊生长发育快和饲料报酬高的特点及夏、秋季节牧草营养丰富、气候好的优势,对羔羊进行放牧或舍饲育肥,入冬后适时屠宰,即实行当年羔羊当年上市,改变以往那种养“长寿羊”的做法。据对我国牧区养羊情况调查,生长发育正常的当年生羯羊,到冬季,体重可达到 35～40 千克。如果不屠宰,经过一个严寒而牧草贫乏的冬春季节,体重下降 10～12 千克。体重要恢复到原来的水平,需经过半年的饲养。由于饲养期延长,增重速度下降,饲养成本明显上升。当年羔羊当年上市,不仅可以减轻草场和饲料的压力,有利于保护生态环境,而且可以提高养殖效益。

（六）提高经营管理水平

1. 走产业化之路 在市场经济条件下，将产前、产中、产后诸环节联结整合为一个完整的产业系统，实现养、产、销与贸、工、农一体化经营，提高其增值能力和比较效益，形成自我积累、自我发展、良性循环的一种发展机制。在实践中，表现出生产专业化、布局区域化、经营一体化、服务社会化、管理企业化的特征。

2. 重视科学技术的应用 科学技术是生产力，应用科学技术是加快肉羊业发展速度、提高肉羊业生产水平的必然选择。如利用人工授精技术和胚胎移植技术可使良种公、母羊的利用率提高10倍以上。计划免疫可以大大提高羊群健康水平和产品质量，其结果也是增加羊场的经济效益。

3. 建立农协组织，培育市场经营主体 日本农协的成功经验很值得我们借鉴。

（1）组织上的严密性 采取三级系统的组织体系，即分为中央农协、县级农协和基础农协。基础农协是以村为单位组织起来的，称为“单位农协”；以“单位农协”为团体会员组成县一级或相当于这一级的组织；以县一级组织为团体会员构成全国一级的组织。而且，每一级农协组织都与本级行政组织相对应，关系密切。

（2）参加的普遍性 日本每个村都有农协的基层组织，几乎把所有农户都组织起来，使农户与农协紧密结合在一起。目前，日本有99%以上的农户参加了农协，这一比例远远超过了欧美农业合作社发达的国家。

（3）服务功能的全面性 日本农业的产前、产中、产后以及农民的各项服务基本上都由各级农协承担。用日本流行的一句话说，农协的职能就是为农民提供从摇篮到坟墓的一切帮助。农协所从事的主要事业从农业技术指导、培训到农产品的加工、销售和信用、保险等，涉及农户平时生产和生活的方方面面。

(4)管理的民主性 农协是农民自己的组织，有着“民办、民管、民受益”的特点。农协采用一人一票制的管理方式，以便充分发挥会员的民主权利。为确保会员的主体地位和经济利益，日本每个综合农协、每一个联合会甚至农协中的每一个分会都有一套章程、规约、规程。虽然农协也吸引一些“准会员”，但“准会员”只有参与权，没有选举权和被选举权，而且其利用农协的各种业务设施的总额原则上不得超过会员利用总额的20%。

参照日本农协的做法，优势肉羊地带应培育市场经营主体，如成立行业协会或中介组织，建立拍卖、联销等经营体制，实现产品优质优价。

4. 与金融服务机构建立良好的信贷关系 农业的正常运行，尤其是现代商品农业的健康运转，仅靠农户的自我积累，是难以实现的。农业需要来自外部的资金支持，农民需要良好的金融服务，这是大力发展肉羊生产的重要条件。但农户与银行之间的长期信贷关系是建立在收益和信誉基础上的，用好每笔资金是建立信贷关系的前提，及时偿还贷款是巩固信贷关系的根本。良好的信贷关系是一种关系银行与农户之间直接利益的互惠关系。因此，广大农牧民在积极争取政府的政策支持的同时，还应当努力争取银行的信贷支持。如由村委会主要负责人、村信贷员及村民代表组成村贷款管理小组，建立起村贷款管理小组与信用社“二级贷款管理体系”。在这一体系中，村贷款管理小组具体负责受理农户贷款申请、贷前调查等，农民办理贷款时，可以直接向村贷款管理小组递交书面申请，由小组进行审定。由于村贷款管理小组对本村农户的家庭状况、信誉程度、经济实力等都比较清楚，因此，只要他们认为申请贷款的农户有能力致富和诚实可信，就给予信贷支持。

本页彩图由毛杨毅提供

羔羊采食训练

优质牧草冬牧70黑麦草

人工袋装青贮

责任编辑：刘理义
封面设计：赵小云

带你走出认识误区
帮你提高养殖效益

怎样提高养猪效益
怎样提高养肉羊效益
怎样提高养奶牛效益
怎样提高养肉牛效益
怎样提高养蛋鸡效益
怎样提高养肉鸡效益
怎样提高养鸭效益
怎样提高养鹅效益

扫金盾码 看经典大片

ISBN 978-7-5082-3566-0
定价：14.00元